Augenblicke der Ewigkeit
Zeitschwellen am Bodensee

900 Jahre Zukunft 006

**Augenblicke der Ewigkeit
Zeitschwellen am Bodensee**

Hrsg. Hans-Peter Meier-Dallach

Sommerausstellung des Landes Vorarlberg
im Kloster Mehrerau
4. Juni – 31. Oktober 1999

Kunstverlag Josef Fink

Die Deutsche Bibliothek – CIP-Einheitsaufnahme

Augenblicke der Ewigkeit – Zeitschwellen am Bodensee:
Sommerausstellung des Landes
Vorarlberg im Kloster Mehrerau, 4. Juni – 31. Oktober 1999 / Hrsg.:
Hans-Peter Meier-Dallach. – 1. Aufl. – Lindenberg: Fink, 1999
ISBN 3-933784-20-4

Projekt des Landes Vorarlberg unter Leitung der Vorarlberger
Kulturbetriebshäuser GmbH, Römerstrasse 15, A-6900 Bregenz

1. Auflage 1999
© Kunstverlag Josef Fink, Lindenberg
ISBN 3-933784-20-4
Gesamtherstellung: Buchdruckerei Holzer, Weiler im Allgäu

Inhaltsverzeichnis

S. 7		Abt Kassian Lauterer Geleitwort
S. 17		Zeitfaden
S. 20		**Teil I Vergangenheit wird Zukunft**
S. 23		Karl Heinz Burmeister Mutabor. Zeitenwenden und Neuerungen im Kloster Mehrerau
S. 53		Alois Niederstätter Controlling wider die weltlichen Lüste. Visitationen des Klosters Mehrerau
S. 63		Karl Heinz Burmeister Verschwiegene Präsenz. Frauen im Kloster
S. 68		Von der Weltkirche zur Weltfirma
S. 70		**Teil II Soviel Bewegung braucht der Mensch**
S. 72		Jochen Elbs „Zuwider, weil es etwas Neues sey". Landwirtschaft zwischen Schlendrian und Seidenraupe
S. 89		Karl Heinz Burmeister Käsfahrten Sargans – Vaduz – Bregenz. Mehrerauer Einkünfte aus Liechtenstein
S. 93		Claudia Klinkmann „Arfaran". Eine Erfahrungsgeschichte des Reisens
S. 114		Christine Hartmann Unruhe in der Stadt. „De gerechtigheid" von Pieter Bruegel d. Ä.
S. 126		Zeitleere über den Siedlungen

S. 130	**Teil III Vom Wenden der Seiten zum Rauschen im System**
S. 132	Gerda Leipold-Schneider Ora, labora et scribe. Buch in der Zeit – Zeit im Buch
S. 154	Hans-Peter Meier-Dallach Das Zeitrad der Philosophen. Meilensteine der Erfindung von Zeit
S. 173	cattolica electronica
S. 176	**Teil IV Zeittürme**
S. 178	Doris Defranceschi Taktgeber. Von der Turmuhr zur Internet-Swatch
S. 191	Eva-Maria Amann Bruchstellen der Geschichte. Kirchbau in der Mehrerau
S. 211	Epilog: Ein Spaziergang über die Jahrtausendschwelle
S. 220	Literatur zu den einzelnen Beiträgen
S. 224	Literatur zum Kloster Mehrerau
S. 226	Fotonachweis

900 Jahre Zukunft
Kassian Lauterer

Wie kommt die im Sommer 1999 im Zisterzienserkloster Mehrerau gezeigte Ausstellung zu diesem paradox klingenden Thema „900 Jahre Zukunft"? Geplant war sie zunächst anders. Bereits 1993 legten Dr. Herbert Wehinger und Dr. Gerhard Winkler den Verantwortlichen des Klosters und der Schule die Idee vor, zum 900. Gründungsjahr der Mehrerau als Benediktinerkloster eine Landesausstellung zu planen. In mehreren Gesprächen reifte ein Rohkonzept über Zeitpunkt, Inhalte und Räumlichkeiten. Die Ausstellung sollte unter dem Titel „Mönche – Mystik – Mehrerau" stehen und einen Längsschnitt durch die Geschichte, die religiöse und kulturelle Bedeutung des Klosters Mehrerau von seiner Gründung 1097 bis zu seiner heutigen Gestalt und Tätigkeit im Kontext des Landes Vorarlberg und des Bodenseeraumes darstellen. Die Vorarlberger Landesregierung und der Kulturausschuß des Landtages wurden für die Idee gewonnen. Der in Planung befindliche Umbau des Mehrerauer Gymnasiums sollte im Sommer 1997, bevor der Schulbetrieb wieder begann, in drei Stockwerken die Ausstellung aufnehmen. Es kam aber anders. Die Schule wurde zwar gebaut, aber die für 1997 geplante Ausstellung mußte wegen notwendig gewordener Einsparungen im Budget des Landes verschoben werden.

Bereits 1994 hatte das Land Vorarlberg Mag. Hans Dünser aus Dornbirn und Dr. Hans-Peter Meier-Dallach aus Zürich mit der Erstellung eines Ausstellungskonzeptes beauftragt. Die erste Fassung wurde im Juni 1994 vorgelegt. Die neue Idee bestand darin, nicht nur eine historische Rückschau auf die vergangenen Jahrhunderte zu bieten, wie dies bei den Landesausstellungen in anderen österreichischen Bundesländern seit etwa drei Jahrzehnten üblich geworden war. Im Hinblick auf die Stimmung der Jahrtausendwende sollte die Ausstellung vielmehr drei Zeitdimensionen erleben und Zeitschwellen überschreiten lassen:
– Vergangenheit: die 900-jährige Geschichte der Mehrerau mit ihren vielfältigen Wechselbeziehungen in der Bodenseeregion als Paradigma für Kontinuität und Wandel der Gesellschaft;
– Gegenwart: die gewaltigen und rasch erfolgenden Entwicklungen in Politik und Gesellschaft zeitigen vielfach Orientierungslosigkeit und Verlust von Werten, an die man sich halten kann;
– das Zusammenwachsen Europas und das Fallen von Grenzen bewirken ein neues Gefühl des Miteinander der Länder rund um den See;
– Zukunft: Utopien und Ängste markieren die Route der Reise in die Zukunft; man kann sich in ihrem Labyrinth verlieren; soziale und ökologische Verantwortung, religiöse und weltanschauliche Sinnsuche können der Faden der Ariadne sein, an dem wir uns zurecht finden werden.

Das Jahr 2000 wirft seine Schatten voraus. Wir sind uns zwar bewußt, daß die Zeitrechnung vor und nach Christi Geburt ihre Fehler hat. Der skythische Mönch Dionysius Exiguus, der 525 in Rom im Auftrag des Papstes Johannes I. die Berechnung des richtigen Ostertermins anstellte, zählte erstmalig die Jahre nach Christi Geburt, verrechnete sich aber um 4 bis 7 Jahre. Außerdem beginnt das dritte Jahrtausend erst an Neujahr 2001, da ja nie ein Jahr Null gezählt wurde. Im Zeichen der fortschreitenden Globalisierung haben auch fast alle Staaten der Erde, die auf Grund eigener religiöser oder kultureller Überlieferung eine andere Zeitrechnung haben, aus praktischen und ökonomischen Gründen den ursprünglich christlichen Kalender übernommen. Man ersetzt dann Christi Geburt meist durch das Wort Zeitenwende. Bedeutet das Jahr 2000 wieder eine Wende?

Kein ernsthafter Mensch wird behaupten, daß man die Zukunft voraussehen kann, schon gar nicht 900 Jahre. Die Vorhersage des Wetters selbst für einen einzigen Tag erweist sich oft als unzutreffend, obwohl die wissenschaftlichen Hilfsmittel ungleich umfassender sind als früher. Fast nach jeder politischen Wahl kann man feststellen, wie sich auch seriöse Meinungsforscher in ihren Prognosen geirrt haben. Die Zunft der Hellseher muß es sich gefallen lassen, daß die Medien gegen Ende eines Jahres mit Häme nachrechnen, wieviel oder wie wenig Prozent ihrer Voraussagen eingetroffen sind. Propheten im Sinn der Religionen sind selten geworden und wenige glauben ihnen.

Im Sprachgebrauch der Bibel besteht die Aufgabe des Propheten zunächst gar nicht nur darin, Zukünftiges vorauszusagen, sondern für Gott oder anstelle Gottes zu sprechen. Sie stehen politisch meist in Opposition zu den Mächtigen. Sie tadeln die religiösen und sozialen Zustände und wenden sich gegen die als Kultbeamten tätige Priesterschaft. Ethos muß vor dem Kult stehen. Opfer ohne ein demütiges Herz und soziale Gesinnung sind Jahwe ein Greuel. Die Analyse und Kritik der Gegenwart wird als Abkehr von der Anfangsgeschichte des Volkes gedeutet. In ihren Zukunftsvisionen drohen die Propheten Gericht und Unheil an, wenn sich das Volk nicht bekehrt, verheißen aber auch Heil und Rettung, wenn es auf Jahwe vertraut und zu ihm zurückfindet.

Auch Jesus weist prophetische Züge auf: „Außerdem sagte Jesus zu den Leuten: Sobald ihr im Westen Wolken aufsteigen seht, sagt ihr: Es gibt Regen. Und es kommt so. Und wenn der Südwind weht, dann sagt ihr: Es wird heiß. Und es trifft ein. Ihr Heuchler! Das Aussehen der Erde und des Himmels könnt ihr deuten. Warum könnt ihr dann die Zeichen dieser Zeit nicht deuten?" (Lukas 12, 54–56) Dieser zornige Vorwurf scheint ungerecht: Beobachtungen des periodisch wiederkehrenden Wettergeschehens kann der naturverbundene Mensch wenigstens in Bauernregeln fassen. Geschichtliche Ereignisse und Trends sind keine Naturvorgänge, sondern Ergebnis menschlicher Ideen und Handlungen. Zeichen der Zeit zu verstehen und zu deuten ist also viel schwieriger. Die Zwangsläufigkeit geschichtlicher und gesellschaftlicher Entwicklungen, nach der Karl Marx seine Verelendungstheorie des industriellen Proletariats aufstellte, hat sich oft genug als Täuschung erwiesen, wenn auch der Einfluß der wirtschaftlichen Komponente auf das historische Geschehen unbestritten ist. Die Fähigkeit, Zeichen der Zeit zu erkennen und zu deuten, zeigt sich weder in berechenbaren Prognosen, noch in hellseherischen Visionen. Durch seine Einstellungen und Handlungen, durch seine Erwartungen und Hoffnungen ist jeder Mensch berufen, an der Zukunft mit zu bauen und sie, wenigstens in seinem kleinen Bereich, zu gestalten.

Das Thema 900 Jahre Zukunft ist also gar nicht so paradox. Einen Gegensatz zu schaffen zwischen Vergangenheit und Zukunft ist sinnlos. Die Zukunft bringt uns nichts. Wir sind es, die ihr alles geben müssen, um sie zu bauen. Aber zum Geben muß man besitzen, und wir besitzen kein anderes Leben, keine andere Kraft als den Reichtum der Vergangenheit. (Simone Weill)

In einer schnellebigen Gegenwart, in der eine Sensation die andere jagt und technologische Neuerungen, Erfolge in Politik, Kunst und Sport wie Raketen am Nachthimmel aufleuchten, aber genau so schnell wieder verglühen, sind die Menschen nicht so geschichtsbewußt. Ihre Augen und Interessen sind vorwärts gerichtet. In die Vergangenheit zurück zu leuchten scheint ihnen wenig ergiebig. Als ob man ein brennendes Streichholz in einen dunklen Brunnenschacht hinunterwirft: das Erlöschen des Flämmchens meldet, daß es am Grund angekommen ist und dann ist wieder Nacht über Staub und Knochen.

Ist Geschichte wirklich nur eine Kuriositätenschau für ein paar historisch Interessierte? Hat sie nur wegen der Erhaltung alter Denkmäler und des Museumswertes des Überkommenen einen Sinn?

Es scheint, daß gerade in unserer hektischen Gegenwart ein Wandel in der Einstellung der Menschen zu Geschichte und Vergangenheit eintritt. Je mehr die technische Kultur die Gefahren ihrer zerstörerischen Kehrseite zeigt, um so mehr wächst in vielen denkenden Menschen die Sorge um die Erhaltung der Natur als Lebensraum und die Liebe zu Altem, zum organisch Gewachsenen. Man sucht das Naturerlebnis, Räume der Stille und Besinnung, man entdeckt die Langsamkeit wieder. Das Wissen um Wachstum und Geschichte bildet einen Erfahrungsschatz und macht uns kritisch.

Es gibt uns die Fähigkeit, uns in der täglich komplizierter werdenden Welt mit Hilfe von Erfahrungen zurecht zu finden. Es ist wichtig für unser menschliches Zusammenleben heute und morgen. Eine Gesellschaft, die ihre angestammten Rechte und Pflichten nicht kennt, wird leicht zu einer lenkbaren Masse Unerfahrener, deren praktische Kenntnisse gerade noch für die Bedürfnisse des Alltags ausreichen. Orwells Vision von 1984 zeichnet eine kopflose Schar industrieller Termiten, die gezwungen ist, ihren Leittieren blindlings zu folgen, weil sie täglich am Punkt Null der Menschheitsentwicklung beginnen muß.

Bezeichnend für diese Trendwende ist das starke Zunehmen des Glaubens an eine Wiedergeburt. Nach einer 1981 und 1990 ermittelten europäischen Wertestudie des Gallup-Institutes glauben fast 40 Prozent der Europäer an ihre Reinkarnation. Bedeutet das eine Rückkehr aus der christlichen linearen Heilszeit, die mit der Schöpfung beginnt und in das ewige Leben einmündet, in die alten Zeitkreise? Man versuchte, dieses Phänomen mit der Faszination zu erklären, die von fernöstlichen Religionen ausgeht. Aber im Hinduismus und Buddhismus bedeutet Wiedergeburt einen Prozeß, in dem man sich allmählich von allen persönlichen Wünschen und Begierden befreit, um schließlich ins Nirvana einzugehen. Die westliche Wiedergeburt will aber im Gegenteil einen Weg zur fortschreitenden Selbstverwirklichung weisen, auf dem in einem anderen Leben alle nicht realisierten Möglichkeiten entfaltet werden können. Nach der genannten Studie glauben jedenfalls mehr Menschen an ein Leben nach dem Tod als an die Auferstehung. Die Überzeugung von der Existenz einer Seele und ihrem Weiterleben nach dem Tod nimmt auch bei nicht religiösen Menschen stark zu. Daran schließt sich der Glaube an den Spiritismus. 30 bis 50 Prozent bejahen die Astrologie. Ein Viertel der Jugendlichen in Frankreich nimmt Horoskope ernst. Psychologie und Psychotherapie haben das Thema Wiedergeburt entdeckt. In der Naturmedizin gibt es Rückführungstherapien, in denen der Patient in einen wach-schlafähnlichen Zustand zurückversetzt wird, wo angeblich Erlebnisse vor der Geburt und aus einer früheren Existenz aufgearbeitet werden können. Auch das sind Zeichen der Zeit, die ernst genommen werden müssen.

Gläubige Christen werden freilich nicht einfach relativierend alle Lehren der Esoterik und von New Age gleichwertig mit ihren Überzeugungen stehen lassen können. Aber man muß sie beachten. Die Konstitution „Gaudium et spes" des Zweiten Vatikanischen Konzils stellt fest: „Zur Erfüllung dieses ihres Auftrags obliegt der Kirche allzeit die Pflicht, nach den Zeichen der Zeit zu forschen und sie im Licht des Evangeliums zu deuten. So kann sie dann in einer jeweils einer Generation angemessenen Weise auf die bleibenden Fragen der Menschen nach dem Sinn des gegenwärtigen und des zukünftigen Lebens und nach dem Verhältnis beider zueinander Antwort geben." Für Christen ist Jesus Christus der Bezugspunkt aller Menschheitsgeschichte vor und nach ihm.

Der Apostel Paulus geht noch einen Schritt weiter, wenn er in einem Christushymnus den ganzen Kosmos auf ihn zentriert: „Er ist das Ebenbild des unsichtbaren Gottes, der Erstgeborene der ganzen Schöpfung. Denn in ihm wurde alles erschaffen im Himmel und auf Erden, das Sichtbare und das Unsichtbare, Throne und Herrschaften, Mächte und Gewalten; alles ist durch ihn und auf ihn hin geschaffen. Er ist vor aller Schöpfung, in ihm hat alles Bestand." (Kolosserbrief 1,15–17). Die katholische Liturgie bezeugt diesen Glauben sinnfällig bei der Weihe der Osterkerze in der Osternacht: „Christus, gestern und heute, Alpha und Omega. Sein ist die Zeit und die Ewigkeit, sein ist die Macht und die Herrlichkeit in alle Ewigkeit. Amen." Die christliche Zeitlinie kann also nicht mehr zum Kreis gebogen werden. Im Apostolischen Schreiben „Zur Ankunft des dritten Jahrtausends" deutet Papst Johannes Paul II. den Versuch, die Geschichte des Universums und des Menschen durch geheimnisvolle und sich ständig wiederholende kosmische Zyklen zu deuten, als Zeichen der Zeit. Im Menschen gibt es ein unbezwingbares Bestreben danach, für immer zu leben. Der Mensch ist nicht gewillt, sich mit der Unwiderruflichkeit des Todes abzufinden. Er ist überzeugt von seiner wesenhaft geistigen und unsterblichen Natur. Wie soll man sich aber ein Weiterleben über den Tod hinaus vorstellen? Die christliche Offenbarung schließt die Reinkarnation aus und spricht von einer Vollendung. Durch Gottes Kommen auf die Erde hat die mit der Schöpfung begonnene Zeit ihre Fülle erreicht. In die ‚Fülle der Zeit' eintreten heißt, das Ende der Zeit erreichen und aus ihren Schranken heraustreten, um ihre Vollendung in der Ewigkeit Gottes zu finden.

Die geschichtstheologische Deutung der Heilszeit als Pfeil nach plus Unendlich begründet freilich nicht eine Ideologie naiven Fortschrittglaubens nach dem Motto: immer höher – immer schneller – immer mehr. Wie das Leben Jesu und der Heiligen kennt die Heilszeit auch Brüche und Abstürze, fallen und wieder aufstehen, scheinbares Ende und Neubeginn. Wo aber bliebe die Verantwortung, wenn an die Stelle des linearen Fortgangs der Geschichte der ewige Kreislauf tritt? Wenn Entscheidungen in Politik, Wirtschaft und Technik für das zukünftige Schicksal ganzer Generationen die Weichen stellen, muß eine Rechenschaftspflicht verlangt werden. Diese darf sich nicht nur auf Legislaturperioden, Regierungs- und Amtszeit beschränken, die der moderne Verfassungsstaat vorsieht. Das Gewissen kann nicht am Ende einer Funktion abgegeben werden, sondern muß vor dem ewigen Richter bestehen.

Der Weg durch die Ausstellung 900 Jahre Zukunft führt durch mehrere Optionen der Vergangenheit, der Gegenwart und der Zukunft. Er regt zum Denken an. Gehen und wählen muß man selbst.

Ist die Zisterzienserabtei Wettingen-Mehrerau ein geeigneter Ort für eine Ausstellung mit einer derart Zeit übergreifenden Thematik? Im Lebensgefühl des modernen Menschen spielen Klöster kaum mehr eine tragende Rolle in der Gesellschaft. Man toleriert sie vielleicht als Reservate für ein paar religiöse Außenseiter, die als Museumswärter einer vergangenen Kultur eine Aufgabe erfüllen.

Die heutigen Mönche von Mehrerau sehen gerade darin nicht ihren Lebensinhalt. Sie wissen sich zwar in ihrer Geisteshaltung und Lebensform einer Tradition verpflichtet, die nicht aufgegeben werden kann. Oberste Norm ihres Ordenslebens ist die im Evangelium dargelegte Nachfolge Christi. Weitere Normen sind die Regel des heiligen Benedikt († um 550) und die Charta Caritatis des heiligen Stephan Harding († 1134), die in legitimer und zeitgemäßer Weise durch die Konstitutionen des Zisterzienserordens und der Mehrerauer Kongregation interpretiert werden. Christliches Gemeinschaftsleben, Gebet, Hören und Betrachten des Wortes Gottes und ernsthafte Arbeit sind die unverrückbaren Pfeiler ihres Tagewerkes. Es sollte ihnen auch ein Anliegen sein, das kostbare Erbe der zisterziensischen Spiritualität, der Liturgie und des Choralgesangs nicht verkümmern zu lassen. Das Generalkapitel des Zisterzienserordens von 1968/69 betonte in seiner „Erklärung über die wesentlichen Elemente des heutigen Zisterzienserlebens" die Bedeutung der Tradition für eine zukunftsorientierte Gestaltung des Mönchslebens von heute: „Tradition ist nicht eine Sache der Vergangenheit, sondern etwas Lebendiges und Gegenwärtiges, das dynamisch in die Zukunft drängt und eine neue Verwirklichung fordert, die den neuen Gegebenheiten entspricht. Es muß also die innere Kraft der Tradition entdeckt werden, die nur aus dem Studium und aus einer lebendigen Beziehung zu ihr gewonnen werden kann. Daher darf die zisterziensische Tradition nicht auf ihre Anfänge eingeschränkt werden, wenn auch die ursprüngliche Inspiration sicherlich eine maßgebende Bedeutung hat."

Mehrerau ist die einzige noch lebende Abtei am Ufer des Bodensees. Verglichen mit den imperialen Baukomplexen anderer Abteien in Österreich, Süddeutschland und der Schweiz bietet Mehrerau wenig. In der

Kunstgeschichte wird es kaum beachtet. Um zu den Resten der 900-jährigen Geschichte zu gelangen, muß man über eine enge Wendeltreppe zu den freigelegten Fundamenten der romanischen Kirche hinuntersteigen. Die herrliche, um 1740 erbaute Barockkirche wurde nach der Aufhebung des Benediktinerklosters 1806 abgebrochen. Die Kunstschätze, Archivalien und die Bibliothek wurden in alle Winde zerstreut. Nach dem Neubeginn der Wettinger Zisterzienser 1854 konnte einiges davon wieder erworben werden. Manche historisch und künstlerisch interessante Stücke wurden aus Wettingen gerettet.

Man sieht der Mehrerau die Jahresringe des Gewachsenen an. An das eher bescheiden gebaute Klosterviereck mit der überaus nüchternen Kirche schließt sich jenseits des eigenartig konisch geformten Hofes das Collegium Sancti Bernardi an. Über alten Gewölben und Kellern erhebt sich der langgestreckte Bau des Internates mit dem im 19. Jh. zugebauten Kapellentrakt. Gegen Süden schließt das erst 1996/97 in moderner Holz- und Glasbauweise errichtete Gymnasium den Hof ab. Westwärts gruppieren sich um einen weiteren Hof die moderne Sporthalle, der Klosterkeller und die Metzgerei; den nächsten Hof umschließen die Ställe für Milch- und Mastvieh, Pferde und Schweine des landwirtschaftlichen Betriebes; der Holzhof schließlich umfaßt die Tischlerei, Zimmerei, Heizzentrale und andere Werkstätten. Über einer Heilquelle wurde 1923 anstelle eines alten Gasthauses Bad Mehrerau das Sanatorium Mehrerau errichtet, das als Belegkrankenhaus von den Kranken und Fachärzten mehrerer medizinischer Disziplinen sehr geschätzt wird. Etwa 100 Hektar Äcker, Wiesen und Wald entlang dem Ufer des Bodensees bilden die Grundlage der Landwirtschaft des Klosters. Gemeinsam mit dem Naturschutzgebiet des Schilfgürtels sind diese Flächen auch eine grüne Lunge und ein Naherholungsgebiet für Bregenz. Ein mächtiges Brunnenfeld unter dem Mehrerauer Wald liefert der Stadt das Trinkwasser. Durch die Errichtung einer Biogasanlage, die alle Ställe erfaßt, und einer Heizzentrale für Biomasse, die den ganzen Komplex mit Heizenergie und Warmwasser beliefert, wollte das Kloster einerseits eine möglichst autarke und wirtschaftlich günstige Energieversorgung erreichen, andererseits aber auch einen Beitrag zugunsten der Umwelt leisten.

Zusammen mit den Ordensangehörigen arbeiten etwa 230 Personen an der Bewältigung dieser vielfältigen Aufgaben mit. Die Abtei Mehrerau ist kein nur der Vergangenheit verpflichtetes Museumskloster. Hier pulsiert das Leben der Gegenwart. Soweit dies für Menschen möglich ist und mit dem für gläubige Christen nötigen eschatologischen Vorbehalt wird auch für die Zukunft geplant.

Im Verlauf ihrer 900-jährigen Geschichte wurde die Mehrerau in ein vielfältiges Netz von Beziehungen eingeflochten. Im kirchlichen Bereich war der Rahmen für diese Beziehungen das Alemannen-Bistum Konstanz, dessen riesiges Gebiet vom Gotthard bis zum Main und vom Rhein bis zur Iller reichte und ein kleines vereintes Europa darstellte. Zur Gründung eines Benediktinerklosters gewann Graf Ulrich X. von Bregenz Mönche aus Petershausen in Konstanz, die zunächst um 1086 die Zelle des Einsiedlers Diedo in Andelsbuch zu einem Kloster ausbauen sollten, dann aber um 1097 ihre Niederlassung nach Bregenz verlegten. Petershausen war 983 vom Bregenzer Grafensohn Bischof Gebhard II. gegründet und mit Mönchen aus Einsiedeln besiedelt worden. Von dort führt wieder die Linie zurück an den Bodensee. Aus dem Inselkloster Reichenau kam nämlich der Eremit Meinrad, der 861 im Finstern Wald ermordet wurde und aus dessen Klause sich später das Kloster Einsiedeln entwickelte.

Mit der Abtei St. Gallen waren die Mehrerauer Benediktiner später sehr eng verbunden. Junge Mönche wurden zum Studium der Theologie dorthin geschickt und in Notzeiten war Mehrerau wiederholt Zufluchtsort für St. Galler Mönche und Bücher. Zwei im Exil verstorbene Fürstäbte liegen in der Mehrerauer Kirche begraben. 1603 schloß sich Mehrerau der Schwäbischen Benediktinerkongregation zum hl. Joseph an, was eine neue Vernetzung mit den schwäbischen Klöstern Weingarten, Ochsenhausen, Zwiefalten, Petershausen, Isny, Wiblingen und den Schwarzwaldklöstern St. Georgen, St. Peter und St. Trudpert mit sich brachte.

Die Zisterzienserabtei Wettingen-Mehrerau baute diese grenzüberschreitenden Beziehungen noch aus. Mönche aus dem Zisterzienserkloster Salem waren 1227 über den Bodensee gezogen, um an der Limmat in der Stiftung des Edlen Heinrich von Rapperswil das Ordensleben einzupflanzen. Nach der Aufhebung des Klosters Wettingen 1841 war es ein Einsiedler Benediktiner, der seinen heimatlosen Freund Pater Alberich Zwyssig auf das leerstehende ehemalige Benediktinerkloster Mehrerau hinwies. Zwyssig besichtigte sofort diese Stätte und war dann die treibende Kraft, daß Abt Leopold Hoechle und sein Konvent sich zur Übersiedlung ins österreichische Ausland entschlossen. Die Äbte von Mehrerau verstanden es, die von der ehemaligen Oberdeutschen Zisterzienserkongregation übriggebliebenen Frauen- und Männerklöster zu vereinen, mehrere ehemalige Klöster zu beleben und neue zu gründen. Heute umfaßt die daraus gewachsene Mehrerauer Kongregation 13 Frauen- und 10 Männerklöster in Österreich, der Schweiz, Deutschland, Italien, Slowenien, Kroatien und in den U.S.A.

Im weltlichen Bereich konnte die Benediktiner-Mehrerau in Vorarlberg nur eine bescheidene Stellung einnehmen. Das Kloster beteiligte sich am Landesausbau des Bregenzerwaldes und erwarb durch Schenkungen und Kauf Besitzungen und Gefälle in einem großen Teil des Landes. Die stets auf ihre Rechte und Freiheiten bedachten Vorarlberger, namentlich die Bregenzerwälder Bauern, verhinderten mit Erfolg zu große politische Machtstellungen weltlicher und geistlicher Herren. So gab es auch im späteren Vorarlberger Landtag nie eine Prälatenbank wie in anderen Ländern. Die Ablösung der Gotteshausleute aus der Leibeigenschaft vollzog sich nicht ohne Auseinandersetzungen, aber doch relativ früh.

Auch in der Vorarlberger Bildungslandschaft spielte Mehrerau keine beherrschende Rolle wie etwa St. Gallen und Reichenau im Frühmittelalter. Wohl wurde vermutlich schon im 12. Jh. eine Schreibstube eingerichtet. Die seit dem 13. Jh. bezeugte schola puerorum dürfte die älteste höhere Schule im Land gewesen sein, aber ihre Ausstrahlung und die Zahl der Schüler war gering. Mehrere Mehrerauer Benediktiner waren schriftstellerisch tätig. Für die Erforschung der Vorarlberger Landesgeschichte kommt den Mehrerauer Historikern Pater Franz Ransperg, Pater Apronian Hueber und Pater Meinrad Merkle eine gewisse Bedeutung zu. Auch in der Musikgeschichte des Landes sind Mehrerauer Zeugnisse die ältesten Quellen.

Als Bildungsstätte war später das Jesuitengymnasium in Feldkirch eine übermächtige Konkurrenz. Erst das von den Zisterziensern 1854 eröffnete Collegium S. Bernardi erlangte eine überregionale Bedeutung. Bis heute beherbergt es Schüler aus Vorarlberg, Tirol, Liechtenstein, der Schweiz und Deutschland; dazu jeweils einige Exoten. Mehr als 50 Jahre führte das Kloster die Landwirtschaftliche Fachschule des Landes Vorarlberg und bis 1938 eine gut besuchte Handelsschule.

Die Ära des Nationalsozialismus von 1938 bis 1945 bedeutete nicht nur für Österreich und Vorarlberg, sondern ebenso für Mehrerau einen geschichtlichen Einbruch. Die Schulen und das Internat wurden geschlossen bzw. in staatliche Trägerschaft übernommen. Das Kloster wurde aufgehoben und die meisten Patres bekamen Aufenthaltsverbot im Gau Tirol-Vorarlberg. Zahlreiche junge Mitglieder des Konventes wurden zum Kriegsdienst eingezogen; vier Patres und drei Brüder kamen dabei ums Leben. Der Wiederaufbau nach dem Krieg war wegen der Lücken im Personalstand und der tristen wirtschaftlichen Lage sehr mühsam. Trotzdem wurde er voll Hoffnung und Unternehmungsgeist in die Hand genommen und gelang schließlich.

Vielleicht macht gerade dieses wiederholte Auf und Ab in der Geschichte, der Wechsel von Niedergang und Aufbau, die Spannung zwischen Enttäuschung und Hoffnung das Kloster Mehrerau zu einem geeigneten Standort der Ausstellung „900 Jahre Zukunft". Hier spiegelt sich realistisch die Entwicklung des Landes und der Region, aber auch die Lebenslinie der meisten Menschenschicksale. Papst Johannes Paul II. faßt die Aufgabe benediktinischer Klöster in den drei Dimensionen der Zeit zusammen: „Die Klöster waren und sind noch immer im Herzen der Kirche und der Welt ein ausdrucksvolles Zeichen von Gemeinschaft, ein einladender Aufenthaltsort für diejenigen, die Gott und die Welt des Geistes suchen; sie sind Glaubensschulen und wahre Werkstätten für Studium, Dialog und Kultur zum Aufbau des kirchlichen Lebens und auch, in Erwartung der himmlischen Stadt, zum Aufbau des irdischen."

Zeitfaden

Seit der Urgeschichte versuchen die Menschen, sich im kosmischen Ganzen heimisch zu machen. Als Schilfrohr im Kosmos – wie sie Pascal bezeichnet – lernten sie zu erzählen, zu denken und zu schreiben. Durch die Jahrhunderte entstand so ein Weltepos, das in unzählige einzelne Episoden und Geschichten zerfällt. In ihnen werden Perspektiven sichtbar, wie Menschen sich im irdischen und kosmischen Gewebe eine Heimat, eine Zugehörigkeit, einen Sinn gesucht haben. Ein Faden in diesem Geflecht ist die Art und Weise, wie man Zeit, Vergangenheit, Gegenwart und die Zukunft erlebt, erfahren, gedeutet hat. Man kann diesen Leit- als Zeitfaden bezeichnen. Gerade am Bodensee haben die Menschen vielfältige Zeugnisse hinterlassen und eigene Erzählungen um ihn geflochten.

In der Epoche der Zeitkreise verankern sich die Menschen im kosmischen Wechsel von Tod und Geburt, Säen und Ernten, Sonnenwenden und elementaren Formen von Zeitempfinden. Mit der Heilszeit, der Einführung des Christentums, wird ein neues Kapitel aufgeschlagen: Der Sündenfall schafft eine neue Zukunftserwartung an das Jenseits. Die Gegenwart ist Leiden, seine Kürzung positiv. „O Mensch, an der Zit ist dir jede Stund Kürtzerung dins Leben" – steht über dem Bregenzer Fresko vom Sündenfall.

Bald beginnt man mit dem Korn Reichtum zu speichern, die Askese der Mönche wird in Arbeit umgesetzt. Die Epoche Zeitspeicher ist eingeleitet. Die Kathedralen sind zu schön geraten, um nur Provisorium für die Endzeit zu sein. Prunkvolle Symbole für Besitz entstehen.

In der Stadtzeit, in der nächsten Epoche, wechselt der Takt von der Glocke zur Rathausuhr. Es wird gehandelt, Rat und Gericht treten zusammen, Volksbelustigungen und Sensationen werden attraktiv. Aus der Stadtzeit wird Weltzeit. Gott hat sich als Macher der vollkommenen Uhr zurückgezogen und hat den Weg für die Menschen und ihre individuellen Rechte frei gemacht. Zeit und Raum werden global.

Bis in unsere Tage wirken neue Zeiträume. Es entsteht das romantische Gegenbild zur Aufklärung und zum Mythos, daß die Welt eine einzige große Maschine sei. Doch nicht aufzuhalten ist der Fortschrittstraum, den die Ingenieure immer schneller umsetzen. Das Land wird industrialisiert, der Rhein korrigiert, Siedlungen schießen aus dem Boden, die Geschwindigkeit gewinnt gegenüber der Bedächtigkeit.

Die Zukunft aus früheren Jahrhunderten ist inzwischen bereits zur Vergangenheit geworden. Aus dem Blick auf die Ewigkeit, „sub specie aeternitatis", nimmt die Vergangenheit ständig zu, während die Zukunft immer kürzer wird. Können die Botschaften aus der Vergangenheit uns auch heute noch Erkenntnisse für die Zukunft vermitteln? Es wäre wohl vermessen, dies voreilig zu bejahen und sogar das Kapitel der kommenden Zeit zu benennen. Wir können dies Schritt für Schritt nach der Lektüre der vier Teile versuchen.

Teil I
Vergangenheit wird Zukunft

Der erste Beitrag (Burmeister) erzählt mit Beispielen die vergangenen „900 Jahre Zukunft" in der Mehrerau und am Bodensee. In sechs Epochen bereiteten sich Zeitenwenden vor. Ihre tragenden Ideen bestimmten jeweils den Zeitgeist und haben die Klöster herausgefordert, ihren Weg neu zu suchen. Ähnlich wie das moderne Unternehmen heute das Wort „Controlling" groß schreibt, versuchten Klöster ihre geistlichen Ziele zu verfolgen und die Regeln einzuhalten. Der zweite Betrag (Niederstätter) zeigt, was Visitationen, regelmäßige Überprüfungen durch Kommissionen, im Klosterleben bedeuteten. Frauen stehen im Schatten der Geschichte, obwohl sie schon früher eine viel größere Rolle als angenommen gespielt haben. Der dritte Beitrag (Burmeister) illustriert dies als Nachtrag an einem Beispiel. Frauen waren als ‚Inklusen' in Klausen eingemauert und sagten den Gläubigen durch Nischen die Zukunft voraus.

Mutabor
Zeitenwenden und Neuerungen im Kloster Mehrerau
Karl Heinz Burmeister

Zeitkreise. Am Anfang war die Welt ganz vom Wasser bedeckt: „Der Geist Gottes schwebte über den Wassern". Erst durch den Schöpfungsakt erfolgte die Trennung von Wasser und Land. Die Sintflut führte zu einem neuerlichen Untergang der Erde; doch überlebte die Menschheit und die Tierwelt dank der Arche Noah; sie ermöglichte einen Neubeginn der Weltgeschichte. Die Söhne Noahs teilten die Erde unter sich auf: Sem erhielt Asien, Japhet Europa und Cham Afrika. „Fortan, solange die Erde steht, soll nicht mehr aufhören Saat und Ernte, Kälte und Hitze, Sommer und Winter, Tag und Nacht". Der Wechsel von Tag und Nacht, der Wechsel des Mondlaufs, der Wechsel der vier Jahreszeiten, der Wechsel der Generationen bestimmten das ganz auf die Natur ausgerichtete Leben. Der Tagesablauf der Alemannen, die Viehzüchter waren, richtete sich nach den Bedürfnissen der Tiere: Kühe, Pferde, Hunde, Kleinvieh, Federvieh. Tiere und Menschen schliefen oft in einem Raum. Alte Rechtsquellen zeigen die Naturverbundenheit in unübertrefflicher Weise: Wer einen fremden Hund tötete, mußte den Hof des Geschädigten bewachen und selber bellen!

Die Mönche der Mehrerau, die 1097 in der Heilszeit begründet wurde, verlegten die Geschichte ihres Klosters in die Epoche der Zeitkreise und ließen sie bereits 611 mit der Gründung des Kolumban in Bregenz beginnen. Kolumbans Kloster gilt als die erste Klostergründung im deutschen Sprachgebiet; so ganz zutreffend ist das allerdings schon deswegen nicht, weil Kolumban auf dem Weg zum Bodensee bereits in Tuggen im Kanton Schwyz ein Kloster errichtet hatte, das frühzeitig wieder aufgegeben wurde. Auch die Bregenzer Gründung hatte keine lange Lebensdauer. Aus späterer Sicht schien das Kloster Mehrerau in einer Kontinuität mit dem Kolumbankloster zu stehen. Im übrigen bildeten die Niederlassungen in Tuggen und Bregenz eine Einheit; es handelte sich um ein und dasselbe Kloster des Kolumban, das im Zuge der Weiterreise lediglich seinen Standort wechselte.

Die Holzbauten des Klosters waren kein liegendes, sondern fahrendes Gut. „Was die Fackel zehrt, ist Fahrnis". Klosterkirche und Mönchszellen sind in Tuggen, in Bregenz und in Andelsbuch, wo Diedo die Mehrerauer Gründung vorbereitete, durchwegs aus Holz gebaut. Sie waren fahrendes Gut, gleichsam Zelte, die man mit auf die Reise nahm; der Standort war sekundär. Es gab noch keine

Abb. 1: Ansicht von Bregenz mit Mehrerau, 1616

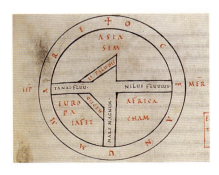

Abb. 2: Mittelalterliche Weltkarte, um 850/900

Trennung zwischen Vergangenheit, Gegenwart und Zukunft, eine in Abschnitte aufzuteilende Klostergeschichte: Vergangenheit in Tuggen, Gegenwart in Bregenz, Zukunft in Andelsbuch.

Man maß die Zeit in elementarer Weise mit Wasseruhren, Sonnenuhren, Sanduhren, Feueruhren. Eine wichtige Rolle in der Zeitmessung fiel dem Hahn zu. Das Krähen des Hahns diente zunächst dem Wecken; noch im 14. Jahrhundert forderten Bregenzer Rechtsweistümer, u.a. für das mehrerauische Lingenau, daß der Müller einen Hahn halten müsse, der ihn wecke. Der in regelmäßigen Abständen wiederholte Weckruf des Hahns wird aber auch zu einer frühen Form der Zeiteinteilung. Eine Bregenzer Passionstafel um 1400 hat den Verrat des Petrus bildlich dargestellt: Am rechten Bildrand verleugnet Petrus seinen Herrn. Dabei fließen die Zeitkreise und die Stadtzeit zusammen, denn der Hahn sitzt genau an der Stelle des Stadttors, wo die mittelalterlichen Turmuhren ihren Platz haben.

Heilszeit. Die größte Neuerung in den Zeitkreisen war das Kloster, die Missionsstation für die Heilszeit. Während die Hausgemeinschaft die zur Familie gehörenden Männer und Frauen zusammenfaßte, um in Gehöften, nicht in Dörfern oder Städten, in möglichst weitgehender Abgeschiedenheit und Autarkie zu überleben, bildete sich im Kloster eine neue Form der Gemeinschaft, die einen Teil ihrer Tätigkeit dem Gebet und dem Gottesdienst widmet. An die Stelle der Arbeit traten in einer Umkehrung der bisher gültigen Wertung das Gebet und die Arbeit: „ora et labora". Die Tendenz ging sogar dahin, daß man die körperliche Arbeit Laienbrüdern überließ und Teile der Klostergemeinschaft sich nur mehr dem Gebet oder der dem Gebet nahen Askese durch Schreiben widmeten.

Diese neue Form der Lebensgestaltung erforderte eine neue Zeiteinteilung. Arbeit und Gebet waren aufzuteilen; für die gottesdienstlichen Verrichtungen mußten genau bestimmte Zeiten gefunden werden: Matutin, Prim, Terz, Sext, Non, Vesper und Complet. Die Mahlzeiten orientierten sich an den Gebetsstunden; auch heute noch wird „gevespert". Die Zeit mußte jetzt stets gemessen werden, auch nachts. Pacificus von Verona erfand die Nacht- oder Sternenuhr, die in einer St. Galler Handschrift um 1000 abgebildet ist. Nach Petrus Damiani († 1072) kam der Tätigkeit des „Nachtwächters" eine zentrale Bedeutung zu; denn ohne ihn wäre der ganze Tageszeitplan durcheinandergekommen. Eine Glocke verkündet regelmäßig die Gebetszeiten, wie das Ave-Maria- und das Vesperläuten. Die Kapitel 8 bis 18 der Benediktregel befassen sich eingehend mit den Gebetsstunden bei Tag und bei Nacht, im Sommer und im Winter, an gewöhnlichen Tagen und an Feiertagen. Die Zeiten für das Aufstehen wurden festgelegt, etwa im Winter „zur achten Stunde der Nacht". „Am Sonntag steht man zu den Vigilien früher auf". „Um Mitternacht stehe ich auf, um dir zu lobsingen." „Auch bei Nacht wollen wir aufstehen, um ihn zu preisen." „Beim ersten Zeichen der Non bricht jeder seine Arbeit ab und hält sich bereit, bis das zweite Zeichen ertönt."

Abb. 3: Sternenuhr, um 1100

Die Mönche zerstörten die natürlichen Zeitkreise. Es regte sich der Widerstand gegen sie, die den Menschen von seinen natürlichen Gottheiten entfremdeten. Man verfolgte die Mönche, stahl ihnen das Vieh, verletzte oder ermordete einzelne von ihnen. Und Kolumban, der erstmals die Glocke aus Irland einführte, wurde angeklagt, er störe durch das Geläute die dem täglichen Bedürfnis dienende Vogeljagd. Nach Tuggen mußte jetzt auch Bregenz aufgegeben werden. Die Karawane zog weiter nach Italien, um dort erneut ihre „Zelte" aufzuschlagen.

Die Kraft der vom Königtum und dem Adel unterstützten neuen Religion blieb stärker. Die Kirche bekämpfte das zyklische Zeitdenken, die alten Mythen und Bräuche, die natürlichen Gottheiten. Das tägliche Leben wurde auf das Jenseits hin ausgerichtet. Die Heilszeit setzt sich durch, deren

Abb. 4:
Die Seligen,
Bamberger Dom, um 1230

Ursprünge auf den Bund zurückzuführen sind, den Gott mit Noah und seinen Nachkommen geschlossen hat und dessen Zeichen der Regenbogen ist. Himmel und Hölle, ewiges Leben und Verdammnis verlangten vom Menschen, sich für die eine oder andere Richtung zu entscheiden.

Engel vermitteln als Boten Gottes zwischen den Menschen und den himmlischen Mächten. Doch niemand weiß, wie es im Paradies wirklich aussieht. Ein Mönch, der im Sterben lag, versprach seinen Mitbrüdern, aus dem Paradies zurückzukommen und ihnen zu berichten. Er kam tatsächlich und belegt als „Wiedergänger" noch die Wirkung der Zeitkreise! Doch sein Bericht erschöpfte sich in der Aussage: „Es ist völlig anders", „totaliter aliter". Während die Hölle jederzeit gut vorstellbar war, blieb das Paradies der menschlichen Erkenntnis unzugänglich. Die Zukunft gewann aber eine Bedeutung für das Leben: durch Bekehrung, durch Buße, durch Fasten, durch Almosengeben, durch Vergabungen an die Kirche, durch Wallfahrten, durch Gebet konnte man den Weg in den Himmel ebnen oder den Weg in die Hölle vermeiden. Noch 1521 ließ sich die Witwe Barbara Alber von Michael und Peter Öhem, die ihren Mann getötet hatten, ihr Blutracherecht abkaufen, „damit die Seele des Verstorbenen um so eher zur ewigen Seligkeit gelangen möge". Die beiden Totschläger mußten in der Pfarrkirche zu Oberreitnau, wo der Erschlagene begraben lag, zur Osterzeit Buße tun, öffentlich vor dem Kreuz umgehen und dabei eine Kerze tragen.

Korn und Wein waren die Haupterzeugnisse der klösterlichen Landwirtschaft. Und an beiden Produkten orientiert sich auch die das Heil bringende Transsubstantiationslehre, nach der in der Eucharistie Brot und Wein in den Leib und das Blut Christi übergehen. Nach der sinnlich wahrnehmbaren Erfahrung bleiben aber Brot und Wein erhalten, der Übergang ist unbeweisbar, man muß ihn glauben. Die immer wieder bestätigte Glaubenslehre blieb nicht ohne Kritik. Auf dem Konstanzer Konzil wurden 1415 offene Zweifel laut. Wenig später finden sich Hinweise, daß die Lehre auch von jüdischer Seite kritisiert wurde. Zwei Zürcher Bürger unterhielten sich auf der Gasse freundschaftlich mit einer Jüdin und fragten sie: „Hand ihr ouch mess oder wie tund ir"? Daraufhin meinte die Jüdin, es sei töricht, zu glauben, „daz sich unser herrgott in des Priesters oder in eines rüchen münchs hand laße gesehen oder darin kome".

Die Kirche, Vermittlerin künftigen Lebens im Paradies, gewann ständig an Einfluß. Im Investiturstreit verwies sie die weltlichen Gewalten in ihre Schranken und meldete ihre Ansprüche auf die Weltherrschaft an. Konflikte zwischen Kaiser und Papst waren die Folge. Das Kloster Mehrerau wurde um 1080, zunächst in Andelsbuch, durch die Grafen von Bregenz gegründet und reich ausgestattet. Das von Mönchen der Hirsauer Reform vom Kloster Petershausen besiedelte Kloster war eine politische Gründung der Grafen. Sie richtete sich gegen den Kaiser. Schon rein äußerlich geben die Patrozinien von St. Peter und Paul zu erkennen, daß mit dieser Gründung das römische Papsttum gestärkt werden sollte. Graf Ulrich von Bregenz, mit der Tochter des gegen Heinrich IV. aufgestellten Gegenkönigs verheiratet, verfolgte die päpstliche Politik. St. Peter und Paul stehen für ein politisches Programm.

Die Klostergründung von Mehrerau kündigt eine Zeitenwende an, die der Heilszeit zum Siege verhelfen sollte. Aber der Graf als Stifter verfolgte auch handfeste eigene Interessen. Es ging ihm, wie die ursprüngliche Errichtung des Klosters im Bregenzerwald zeigt, um den Landesausbau. Durch Rodung sollte neues Siedlungsland erschlossen werden, um die Machtbasis zu vergrößern. Es entstand auch schon sehr bald ein Streit zwischen den Mönchen und dem Grafen, dem vorgeworfen wurde, sich am Klostergut bereichert zu haben.

Die noch aus Holzbauten errichtete Klosteranlage hatte als Ort keine Zukunft. Schon wenige Jahrzehnte später trat an die Stelle der bescheidenen Holzhütten eine mächtige romanische Kirche aus Stein. „Du bist Petrus der Fels" wurde auch von der Mehrerauer Mönchsgemeinschaft in Anspruch genommen; der hl. Petrus war der Patron des Klosters. Nach dem biblischen Vorbild des Tempels von Jerusalem wurde ein repräsentativer Bau erstrebt, der den Menschen als Mahnung diente, ihnen aber auch ein künftiges Leben im Jenseits verhieß, wenn sie durch fromme Jahrzeitstiftungen Kirche und Kloster förderten. Die gräfliche Familie wurde dabei zum Vorbild: Sie errichtete in der Kirche ihre Grablege, damit die toten Angehörigen sich bei Tag und Nacht des fürbittenden Gebets der Mönche gewiß sein konnten. Die Grundlagen für ein kommendes Aufblühen des Klosters Mehrerau waren gelegt. Auch wenn der Graf als Schirmvogt immer noch eine Art von Herrschaft über das Kloster auszuüben trachtete, so ging dieses doch schon bald zielstrebig seinen eigenen Weg.

Zeitspeicher. Der Eintritt in die neue Epoche hat sein symbolisches Abbild im prunkvollen Wettinger Kelch oder in den prächtigen Bischofs- und Abtstäben, zu denen sich die einfachen Wanderstäbe der Mönche – von Kolumban, Gallus, Magnus – fortgebildet haben. Europa wurde gleichsam von einem Spinnennetz von Klöstern überzogen. Als Zentren landwirtschaftlicher Produktion steigerten sie ihre Einkünfte. Es entstanden Märkte vor den Klöstern, die den Austausch förderten, zum Handel anregten,

Handwerk und Gewerbe aufkommen ließen, Geld ins Land führten. Die arbeitsteilige Wirtschaft überwand die autarken Betriebe der Vergangenheit. Aus den Gehöften wurden Siedlungen und Dörfer, dann Märkte, zuletzt Städte. Getreide wurde gespeichert. In der Klosterwirtschaft setzte sich das Amt des Speichermeisters, des „Granarius", durch. Die Bodenseeschiffahrt stellte die Kontakte zwischen den Klöstern und ihren Grundherrschaften her; immer größer werdende Schiffe füllten die Kornspeicher. Die Märkte zwangen zur Einhaltung eines Fahrplans. Im Umfeld der Klöster entstanden mit Ringmauern befestigte Städte. Im Bodenseeraum sind die Reichsstädte St. Gallen, Lindau, Schaffhausen oder Zürich aus Klöstern hervorgegangen.

So wie im Großraum Europa die Klöster das Land überzogen, so baute im regionalen Raum das einzelne Kloster seine Besitzungen aus. Die Klöster steigerten durch Reichtum ihre Macht und emanzipierten sich von ihren Stifterfamilien; sie verselbständigten sich und wurden zu eigenen Machtfaktoren.

Eine Mehrerauer Urkunde von 1249 führt uns in die epochale Auseinandersetzung zwischen Kaiser und Papst. Damals wechselten die Grafen von Bregenz, die sich seit 1200 Grafen von Montfort nannten, die Fronten. Sie unterstützten fortan Kaiser Friedrich II. gegen den Papst. Der Graf bedrängte sein Kloster Mehrerau, versuchte die Abtwahl zu beeinflussen, zerstörte gewaltsam Einrichtungen des Klosters, nahm ihm Land und Leute weg. Der Papst, der bereits 1245 auf dem Konzil zu Lyon Kaiser Friedrich II. abgesetzt und mit dem Kirchenbann belegt hatte, suchte mit Erfolg einen Keil in die Grafenfamilie zu treiben. Während Graf Hugo II. von Montfort mit besonderem Engagement eine prokaiserliche staufische Politik betrieb, folgten seine beiden jüngeren Halbbrüder Heinrich I. und Friedrich I. der päpstlichen Linie.

In dieser spannungsgeladenen Situation stellte der Papst mit einer am 17. September 1249 in Lyon ausgefertigten Urkunde das Kloster Mehrerau unter seinen besonderen Schutz. Jede Gewalttätigkeit gegen das Kloster wurde verboten. Alle gegenwärtigen und zukünftigen Besitzungen sollten dem Kloster erhalten bleiben. Erwähnt werden als Besitzungen der Mehrerau: Kirchen, Dörfer, Häuser, Patronatsrechte, Zehnte, Länder, Gefälle, Weinberge, Wälder, Wiesen, Alpen, Fischenzen, Mühlen, Wege und Stege. Nicht zuletzt aber werden in der Vielfalt des Zubehörs die Kornspeicher, die „Grangias", eigens genannt. Zahlreiche Gemeinden innerhalb und außerhalb Vorarlbergs sind in dieser Urkunde von 1249 erstmals erwähnt, d.h. sie alle feiern im Laufe des Jahres 1999 die 750-Jahr-Feier ihrer Ersterwähnung. Insgesamt scheinen wohl mehr als 30 Orte auf, in denen das

Kloster begütert ist. Besonders herausragende Objekte sind die Kirchen und Kapellen: die St. Johanniskirche in Lingenau, die St. Peterskirche in Andelsbuch, die Mariakirche in Alberschwende, die St. Nikolauskapelle in Bregenz, die St. Georgskapelle in Lauterach. Dokumente bezeugen, daß diese Orte als Besitztümer durch Abgaben und Austausch in ständigem Kontakt zum 'multiregionalen' Kloster Mehrerau standen (vgl. Elbs, S. 72-88).

Die vom Papst und acht Kardinälen unterschriebene Urkunde von 1249 erscheint uns als die „Magna Charta" der Mehrerauischen Güter und als eine Grundlage für die Klosterwirtschaft, die noch im Laufe des 13. Jahrhunderts erweitert und aktualisiert wurde durch die Anlage der Zinsrodel von 1290, 1300 oder 1320. In diesen Zinsrodeln werden Zins- und Einkünftebezirke geschaffen, etwa solche im Allgäu, im Illergau, im Linzgau, im romanischen Oberland. Die Zahl der Besitzungen des Klosters stieg immer mehr an. Obwohl die Schenkungen spärlicher wurden, obwohl die Stifterfamilie ihren politischen Einfluß einbüßte, vermehrten tüchtige Äbte den Besitzstand des Klosters, namentlich im ausgehenden 13. Jahrhundert. Abt Rupert I. (1286 - 1290) hat sich um die Ausschmückung der Kirche verdient gemacht; sein Nachfolger Abt Johannes I. wird als „Oeconomus" charakterisiert, der die Einkünfte des Klosters um ein Vielfaches steigerte. Abt Rupert II. konnte die Klostergüter um „edelste Weingärten", „vinea nobilissima", bei Klaus vermehren. Das Spinnennetz Mehrerauischer Besitzungen wurde immer dichter. Zuletzt waren es in Vorarlberg 134 Orte, in denen das Kloster Besitz hatte, weitere 159 Orte im Allgäu und in Oberschwaben sowie je 6 Orte in Liechtenstein, in der Schweiz und in Baden.

Das Kloster hat sich schließlich von seiner Stifterfamilie gelöst und verselbständigt. Man brauchte den Schutz und die Bevormundung durch den Adel nicht mehr. Schon Graf Hugo II., der ehemalige Widersacher des Klosters, bekam das zu spüren. Er mußte sich seine letzte Ruhestätte im Erbbegräbnis der Familie um 1252 damit erkaufen, daß er den von ihm angerichteten Schaden durch großzügige Schenkungen an das Kloster im Bregenzerwald wiedergutmachte. Viele Klöster setzten ihren Reichtum in prachtvollen Kirchenzierat um.

Stadtzeit. Hatte das Kloster Mehrerau um 1300 den Platz oben auf dem Glücksrad erklommen, so begann mit dem Eintritt in die Stadtzeit der unvermeidliche Abstieg. Bei den Reichsklöstern war das nicht anders; Städte wie St. Gallen oder Lindau erhielten Handfesten des Königs und ihres Stadtherrn, mit denen sie sich mehr und mehr verselbständigten. Das Stadtbürgertum gelangte zu Geld und Macht, denn die durchgreifendste

Neuerung der Stadtzeit bestand darin, daß die Bürger die bis dahin vorherrschende bäuerliche Subsistenzwirtschaft ganz auf eine Gewinnerzielung ausrichteten. In den Marktszenen herrschte das Geld, dargestellt in Form von Münzen oder Geldbeuteln. Seit dem 15. Jahrhundert veranstalteten viele Städte Lotterien, „Glückhafen", die auch dem einfachen Mann den Traum vom schnellen Geld vorgaukelten. Dabei zogen Kinder die Lose aus zwei Urnen – „Fässlin".

Die Enge der Stadt, in der die Bewohner durch Mauern eingepfercht waren, begünstigte Konflikte; erst recht steigerte der Markt die Kriminalität, wie Diebstahl, Betrug, Hehlerei. Ein System grausamer Strafen an Leib und Leben und die Einführung der Folter drängten zwar die private Rache zurück, förderten aber eine allgemeine Verrohung (vgl. Hartmann, S. 114-125).

Abb. 5: Holzräderschiff, um 1450

Die metallischen Rathausuhren, Schlaguhren, Marktglocken und Ratsglocken gaben in der Stadtzeit den Ton an. Sie unterteilten den Tag und die Nacht, bestimmten die Zeit für die Arbeit, die Geschäfte, die politischen Versammlungen. Der Feldkircher Bläsi legte, einem modernen Roboter nicht unähnlich, den Zeitablauf in der Stadt fest, dem sich auch die Klöster fügen mußten, soweit sie in den städtischen Handel und Wandel eingebunden waren. Sonnenuhren alten Stils degenerierten zu bloßem Wandschmuck.

Auf den Schiffen hielt man aus praktischen Gründen an den Sanduhren fest. Die Schiffsleute wurden in Atem gehalten, um bei Wind und Wetter, bei Tag und bei Nacht, im Sommer und im Winter ihre Frachten zeitgerecht ans Ziel zu bringen. Gelegentlich zwangen jedoch Flauten zur Einhaltung unnützer Pausen. Die Konstruktion der ersten Turmuhren in den Städten scheint Pate bei der Erfindung eines mit Holzrädern und Holzschaufeln betriebenen Schiffes gestanden zu haben, das vermutlich um 1450 im Bodenseeraum entstanden ist; man hoffte so die Zwangspausen überwinden zu können.

Die Klöster verstanden diese Hektik nicht mehr, sie entsagten der weltlichen Ruhelosigkeit und zogen sich vielfach in ein kontemplatives Leben zurück. Die idyllische Szene auf dem Lustschiff des Abtes von Salem steht in einem völligen Kontrast zu dem etwa um diese Zeit aufkommenden Wunsch, die Handelsschiffe durch innovative Erfindungen zu beschleunigen. Wenn das Kloster Mehrerau 1344 mit dem Fronleichnamsfest oder der Bischof von Chur 1405 mit Maria Empfängnis zusätzliche Feiertage einführten, mag das aus der Sicht der städtischen Kaufleute und Handwerker eine Provokation gewesen sein, ein Ausdruck des Machtkampfes zwischen traditionellem und progressivem Zeitgeist. Die Klöster verschlossen sich den vom Zeitgeist geforderten Neuerungen und gerieten dadurch ins Hintertreffen. Macht und Einfluß der Klöster gingen zurück. Denn die städtische

Abb. 6: Lustschiff des Abtes von Salem, 1493/95

Geldwirtschaft war der herkömmlichen klösterlichen Landwirtschaft weitaus überlegen. Geld und Macht konzentrierten sich in den Städten. In den „Sanduhren" verrann die Zeit nicht mehr als Korn, sondern als gemünztes Geld. Einen gewissen Anteil hatten die Klöster dennoch an dieser Entwicklung: Sie waren die ersten „Sparkassen", die gegen einen geringen Zins an ärmere Leute kleine Darlehen gaben und damit eine soziale Aufgabe erfüllten.

Die Städte waren dank ihrer Mauern und Türme auch militärisch im Vorteil. Viele Klöster, die auf dem freien Land einer feindlichen Macht schutzlos ausgeliefert waren, legten jetzt ihre Speicher in den befestigten Städten als Klosterhöfe an; dabei suchten sie auch die Nähe zum städtischen Markt. Das Kloster Salem hatte 17 Stadthöfe, u.a. in Überlingen, Konstanz, Stockach, Schaffhausen, Villingen. Das Kloster Mehrerau besaß ein Haus in der Bregenzer Oberstadt (Gesellenspital) und erwarb 1563 in Lindau das Haus „Zum goldenen Hirschen" (In der Grub Nr.30). Viele Klöster waren gezwungen, in den Städten Bürgerrecht zu nehmen. Waren die Klöster einst die Stadtherren gewesen, so sanken sie jetzt auf die Stufe eines städtischen Bürgers herab. Die einstigen Stadtherren waren nur mehr ein Zahnrad im Räderwerk des städtischen Wirtschaftsgetriebes. Politisch hatten sie kaum mehr etwas zu bestellen.

Gerade aus dieser bedrängten Position heraus beschwörte die Kirche die Heilszeit zurück. Die künftigen Schrecken der Hölle wurden an die Wand gemalt, die Menschen ermahnt, an ihren Tod zu denken, vor dem selbst der größte Reichtum nicht schützt. In vorausschauenden künstlerischen Darstellungen erscheint auf dem Zifferblatt der Tod, dessen Knochenarme als Zeiger die Todesstunde ankündigen.

Der Absturz der Klöster vom Glücksrad erfolgte im Appenzellerkrieg. Die Leibeigenen des Klosters St. Gallen schüttelten die äbtische Herrschaft ab und fanden dabei die Unterstützung der Städte St. Gallen und Feldkirch, mit denen die Appenzeller den Bund „ob dem See" gründeten. Der in Wil belagerte Abt von St. Gallen mußte 1407 kapitulieren und sich mit seinen Gegnern ausgleichen. Im gleichen Jahr plünderten die Appenzeller und Bregenzerwälder das Kloster Mehrerau. Der Abt konnte nur „mit Hinderlassung aller fahrenden Haab und Guets kümmerlich für seine Persohn an einem Stecklin" entrinnen.

Die Städte übernahmen die geistige Führung. In ihren Mauern wurden Schulen und Universitäten gegründet. Es ist bezeichnend, daß das Zisterzienserkloster Bebenhausen seinen städtischen Klosterhof der 1477 neu gegründeten Universität Tübingen überließ. Der Buchdruck blühte auf. Die

Erfindung der Buchdruckerkunst, eine der bedeutendsten Innovationen dieser Zeit, war ein Erfolg der Städte. Die neue Buchdruckerkunst gewährleistete der Reformation ihren Siegeszug, an deren Spitze sich die großen Städte setzten. Sie zogen überall das Kloster- und Kirchengut ein. Die Stadtbürger von Konstanz griffen nach den Kloster- und Kirchenschätzen. Prunkkreuze, Kelche, Monstranzen, Buchbeschläge, Abt- und Bischofstäbe wurden eingeschmolzen und in Münzen umgeprägt. Die von vielen Generationen geschaffenen Kunstwerke gingen auf barbarische Weise zugrunde. Die Reaktionen des Klosters Mehrerau und verwandter Klöster waren äußerst konservativ, allerdings wandten sie sich später den modernen Entwicklungen der Gegenreformation zu. Hatten die Reformatoren in Konstanz den Bistumsheiligen Pelagius in den Rhein geworfen, so beobachten wir, daß man - vor allem im 17. und 18. Jahrhundert - Reliquien in voller Körpergröße aus den römischen Katakomben in unsere Region verbracht hat, um sie als Objekte der Verehrung auszustellen. Mehrerau erwarb die Skelette römischer Märtyrer, u.a. 1663 die von Apronian und Venustus, nach denen viele Mönche ihren Klosternamen wählten. Der aus Feldkirch gebürtige Ottobeurer Benediktinerpater Lambert Kathan beschaffte 1675 aus Rom die Reliquien des hl. Bonifaz und der hl. Viktoria.
Das Kloster Mehrerau mußte die Reformation ablehnen, denn ein Bekenntniswechsel wäre einer Selbstaufgabe gleichgekommen.

Abb. 7:
Mehrerauer Makulatur, süditalienisch, 12./13. Jh.

Man hätte die Säkularisierung des Jahres 1806 vorweggenommen und die Klostergeschichte um drei Jahrhunderte verkürzt. Dabei waren die Verhältnisse im Kloster so, daß der Ruf nach einer Reformation besonders laut hätte erschallen müssen. Wie tief die Klostermoral im ausgehenden 15. Jahrhundert gesunken war, zeigt der Totschlag des Mönches Stefan Steinmayer am Klosterkoch, der ihm das Naschen gerade zubereiteter Vögel verwehrt hatte (vgl. Niederstätter, S. 53-62).

Die Reformatoren, häufig ehemalige Klosterinsassen, machten die Mönche zu einem Feind- und Spottbild. Der Kosmograph Sebastian Münster, einst Franziskanermönch, wollte sogar einen Fisch in Mönchsgestalt kennen. Bei den Schiffsleuten soll das Sprichwort kursiert haben: „So bald der Mönch herfür thut schwimmen/Das Meer Ungewitter muß gewinnen".

Das Kloster Mehrerau wurde auf dem Lande mancherorts aus seiner führenden wirtschaftlichen Position gedrängt und überließ viele Güter den Bauern, u.a. auch den Besitz in den entfernt liegenden Alpen. Ehemals zentrale Kellhöfe wurden unter die Bauern aufgeteilt.

Dennoch gelang dem Kloster ein Wiederaufstieg im Schatten des Zweckbündnisses, das König, Adel und Klerus eingingen. Der Absolutismus, die Neuordnung der Reichsstände mit der Entmachtung der Städte, der Niedergang der Zunftherrschaft und die Zerschlagung der Bauernbewegung schufen die Grundlage für ein neues Herrschaftssystem, das bis zur Französischen Revolution währte. Auch ein kleines Kloster wie die Mehrerau profitierte davon. Wohl verpaßte das Kloster die Gelegenheit, sich im Rahmen der Vorarlberger Landstände politisch zu profilieren. In den meisten österreichischen Ländern bildeten die führenden Klöster auf den Landtagen eine Prälatenbank, um gemeinsam mit dem Adel ein Gegengewicht gegen die Städte zu bilden.

Weltzeit. Die Stadtzeit wurde von der Weltzeit abgelöst, die bis in unsere Tage andauert. Ihr Symbol wurde die kosmische Uhr, die bald als stählerne Konstruktion und mit metallischem Ticken das technische Zeitalter einleitete. Der Begriff „Weltzeit" versteht sich in einer doppelten Bedeutung, einmal als eine Abkehr von Gott im Sinne einer „Verweltlichung" oder von der Religion im ursprünglichen Verständnis als „Bindung". Zum andern trat der Mensch aus der Enge der ummauerten Städte in die Welt hinaus, ja er begann selbst damit, nicht nur die Meere, sondern auch die Lüfte und sogar den Weltraum zu erschließen. Die Entwicklung strebte auf eine fortschreitende Globalisierung hin (vgl. Klinkmann, S. 93-113).

Die Weltzeit begann während des Dreißigjährigen Krieges, als Hugo Grotius im „Kriegs- und Friedensrecht" (1625) das Naturrecht wiederentdeckte. Es wurde zur Philosophie der Zeit und führte zu einer wachsenden Verweltlichung der Gesellschaft. Sah man im Mittelalter im Naturrecht einen undeutlichen Abdruck eines dem Menschen mit seinen begrenzten Erkenntnisfähigkeiten unzugänglichen göttlichen Rechts, so wurde das Naturrecht jetzt zu einem Maßstab, der eine Überprüfung des geltenden positiven Rechts gestattete und damit eine völlige Erneuerung der Rechtsordnung ermöglichte. Bereits Grotius löste das Naturrecht vom göttlichen Recht. Er stellte zwar die Allmacht Gottes nicht in Frage, aber dennoch habe Gott nicht die geringste Möglichkeit, das Naturrecht zu ändern. Das Naturrecht lag damit im Schöpfungsplan begründet, der wie ein Uhrwerk abläuft. Es bedurfte keiner Intervention mehr durch eine göttliche Macht, von der uns etwa die Geschichte der Arche Noah erzählt. Der Regenbogen, den Gott als Zeichen für sein Bündnis mit dem Menschen setzte, wurde im Räderwerk der einmal aufgezogenen und dann von selbst ablaufenden Uhr des Schöpfungsplans zerbrochen. Gott wurde nicht mehr gebraucht, er ging in den Ruhestand und überließ die Menschen sich selbst.

Der Mensch war das Maß aller Dinge geworden. König Louis XIV. hätte das mit seinem „L'état c'est moi", „Der Staat bin ich", nicht deutlicher sagen können. Ganz Europa eiferte dem Vorbild seines Hofes nach und verwirklichte absolutistische Regierungsformen, nicht nur in den Monarchien, sondern auch in den Republiken, nicht zuletzt auch in den Klöstern. Die Benediktinerklöster Kempten oder St. Gallen waren absolutistisch regierte Kleinstaaten. Dem Kloster Mehrerau fehlte zwar eine Landeshoheit, aber soweit man konnte, ahmte man auch dort dieses Vorbild nach. Der Staat steigerte seine Aktivitäten auf allen Gebieten, um das Gemeinwohl zu vermehren. Von Vorstellungen über das allgemeine Wohlergehen geleitet suchte er den Untertanen zu erziehen, um ihn einem diesseitigen Glück zuzuführen. Sah man noch im 16. Jahrhundert im st. gallischen Fürstenstaat das eigentliche Ziel der Regierungskunst darin, den Menschen aus dem irdischen Jammertal zu einem besseren Leben im Jenseits hinzuführen oder gar hinzuzwingen, so war der Blick jetzt auf die Verwirklichung eines Paradieses auf Erden gerichtet. Der Untertan wurde im Hinblick auf dieses neue Ideal mehr und mehr reglementiert, etwa im Bildungsbereich durch die Schulpflicht für alle, da nach dem Naturrecht alle Menschen gleich sind, in der Gesundheitsfürsorge durch Impfungen, Quarantänen bei Seuchengefahr, Zurückdrängung des Alkohol- oder Tabakkonsums, in der Landesverteidigung durch die allgemeine Wehrpflicht.

Lebte man Jahrhunderte lang nach Gewohnheitsrecht, so erlaubte jetzt die Richtschnur des Naturrechts die Schaffung einer völlig neuen Rechtsordnung. „Voulez-vous avoir des bonnes lois? Brûlez les vôtres et faites-en des nouvelles", „Wollt Ihr gute Gesetz haben, verbrennt eure und schafft neue", lehrte Voltaire. Und sein Schüler, König Friedrich II. von Preußen, entwarf sogleich einen Plan, diese Idee umzusetzen: „Ein vollkommenes Gesetzbuch wäre das Meisterstück des menschlichen Verstandes im Bereiche der Regierungskunst. Man müßte darin die Einheit des Planes und so genaue und abgemessene Bestimmungen finden, daß ein nach ihnen regierter Staat einem Uhrwerk gliche, in dem alle Triebfedern nur einen Zweck haben." Das Ergebnis war das mehr als 19.000 Paragraphen zählende Allgemeine Landrecht von Preußen 1794, waren die Cinque Codes in Frankreich seit 1804 oder das Allgemeine Bürgerliche Gesetzbuch in Österreich 1812.

Die Mönche hatten kaum eine andere Wahl als sich dem neuen Zeitgeist zu öffnen, auch wenn dieser der Tradition entgegenstand und - wie schon zuvor die Reformation - erkennbare Gefahren einer Selbstaufgabe monastischer Lebensweisen barg. Das Beispiel des Klosters Kempten – man könnte aber genausogut auch auf St. Gallen oder Lindau hinweisen – läßt die Nachahmung des französischen Hofes besonders deutlich werden. Die äußere Repräsentation trat in den Vordergrund. Man errichtete - neben anderen Jagd- und Lustschlössern - eine in ihrer glänzenden Ausstattung kaum zu übertreffende Residenz, die mit einem Hofstaat versehen wurde. Der Abt ließ sich - ganz im Widerspruch zu der Forderung christlicher Demut - mit „Euer Gnaden" ansprechen. Er beschaffte sich ein Himmelbett um 2.000 Gulden. Der am Hof getriebene Luxus bei den täglichen Mahlzeiten spottet jeder Beschreibung. Aufgedeckt wurden für den Abt, die Konventsbrüder und die Hofbeamten in einem Monat im Jahre 1802: 1.351 Pfund Rindfleisch, 1.688 Pfund Kalbfleisch, 24 Pfund Schweinefleisch, 56 Pfund Kitzfleisch, 87 Stück Rotwildpret, 8 Rehe, 44 Kalbsköpfe, 151 Kalbsfüße, 48 Pfund geräuchertes Fleisch, 193 Pfund Butter, 216 Pfund Schmalz, 3.742 Eier, 286 Zitronen, 247 Maß Milch, Fische im Wert von 173 Gulden, Bier und Wein im Wert von 1.457 Gulden, dazu unbezifferte Mengen von Geflügel, wie Indiane, Kapaunen, Hennen, Tauben, Wildtauben, Käse, Sardellen, Kapern, Schokolade. Man trank dazu nicht mehr die heimischen Weine aus den eigenen Rebgärten, sondern Tokajer, Mosel-, Rhein- und Neckarwein, Tiroler und Veltliner Weine. Die Regel des hl. Benedikt verlangte nicht nur das Fasten, sondern man sollte das Fasten lieben, „ieiunium amare". Im Kloster Mehrerau stand man zwar hinter Kempten oder St. Gallen weit zurück, aber auch die Bregenzer Benediktiner bauten mit erheblichen Kosten ihren Klosterkomplex im Barockstil um. Die Kirche wurde erneuert. Die ganze Anlage erhielt ein neues Gesicht, das dem Bedürfnis nach äußerer Repräsentation entgegenkam.

Die geistlichen Fürstentümer steckten seit jeher in einem Dilemma. Schon im Bauernkrieg stellte ein vorlauter Bauer einem Bischof die Frage: „Wenn er einst zur Hölle fahre, ob der Teufel dann den geistlichen oder den weltlichen Herrn hole?" Der Zeitgeist forderte von den Klöstern eine Betonung ihres weltlichen Parts, denn als geistliche Institutionen galten sie in den Augen der Aufklärung als Hort reaktionären Aberglaubens. Und so gaben sie nicht nur einer zunehmenden Verweltlichung Raum, sondern öffneten sich auch dem neuen Geist der Aufklärung. Zwar blieb man in der Mehrerau hinter Kempten, das eine Akademie der Wissenschaften gründete, oder hinter St. Gallen mit dem neuen Bibliotheksaal um einiges zurück. Aber man verbannte die überlieferten Handschriften und gotischen Einbände aus den Bücherregalen.

Die Aufklärung setzte sich im Kloster durch, während sie sich sonst in Vorarlberg nur recht zögernd ausbreitete. Nach den Unterrichtsplänen des Mehrerauer Gymnasiums um 1800 waren Christian Wolff oder Immanuel Kant Pflichtlektüre. Die Klöster gewannen an Weitblick. Wenn die Benediktinermönche des Priorates Feldkirch sich 1686 von einem Franzosen „allerley bildnussen in einer perspektivlad" vorführen ließen, so mag man das als einen ersten Schritt in Richtung Film und Fernsehen ansehen,

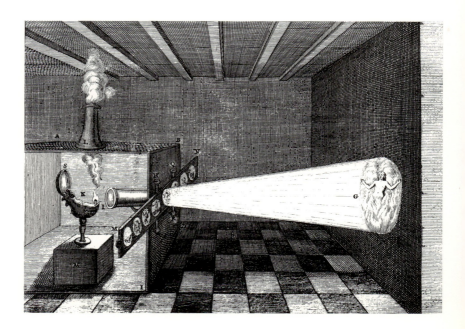

Abb. 8: Darstellung einer Laterna magica, 1678

obwohl die Mönche kaum ahnten, welchen ungeheuren Unterhaltungswert die sich bewegenden Bilder 300 Jahre später erlangen würden. Aber die technische Neuerung erregte ihre Neugier, und sie dachten nicht daran, diese als Teufelswerk zu verwerfen. Im Gegenteil, sie ließ sich zu Missionszwecken einsetzen.

Nicht weniger steht der 1722 für das Kloster Kempten geschaffene Globus als Symbol für den in die weite Welt gerichteten Blick der Mönche. Er verzeichnete die Standorte der heimischen Klöster Kempten oder Bregenz, die jedoch in einer den Globus umspannenden Welt lagen, eine geographische Einheit mit den überseeischen Ufern bildeten, etwa dem durch Indianerszenen geschmückten amerikanischen Kontinent. Viele Kirchen dieser Zeiten wurden damals mit Bildern geschmückt, die verschiedene Kontinente darstellten: Afrika, Amerika, Australien (Beispiele: Weissenau, Chorfresko, um 1743; Birnau, Hauptdeckenbild, 1748). Auch zierte der Globus zahlreiche Kirchenwände und gehörte zur Ausrüstung jeder Klosterbibliothek. Zu Beginn des 18. Jahrhunderts wohnte in der ursprünglich als Kloster vorgesehenen Anlage „Mariaberg" zu Rorschach ein „Indianer", der den Besuchern seine „Raritäten" vorzeigte. Es handelte sich um den Abenteurer Georg Franz Müller aus Rufach (Haut-Rhin), der in vielen Jahren im Dienste der Holländer eine Ostindien-Sammlung angelegt hatte, die er der Stiftsbibliothek St. Gallen überließ; sie ist dort heute noch zu bewundern.

Eine große Bedeutung maßen die Mönche auch der Astronomie zu. Viele Benediktinerklöster, u.a. Ochsenhausen und Kremsmünster, richteten Sternwarten ein. Der Mehrerauer Abt Johannes Sprenger (1622-1681) galt als hervorragender Mathematiker und Hersteller von Sonnenuhren. Bemerkenswert ist die im heutigen Kloster Mehrerau aufbewahrte kosmische Uhr, die P. Franz Keller 1834 für Wettingen schuf. Diese große Uhr zeigt die Bewegungen der Planeten um die Sonne an, die Tierkreiszeichen und vieles andere mehr. Durch einen über das Jahr 2000 hinausgehenden liturgischen Kalender ist diese Uhr zukunftsorientiert und zudem unbelastet von der Problematik der Jahrtausendwende in den Computeruhren.

Das Kloster Mehrerau sah in den Kontakten zu auswärtigen Klöstern einen wichtigen geistigen Auftrag. So unterhielt das Kloster an der Benediktineruniversität in Salzburg ein eigenes Studienhaus für die Bregenzer Mönche. Mit den von Kolumban gegründeten Klöstern Luxeuil in Frankreich und Bobbio in Italien bestanden Gebetsbruderschaften. Der durch einen glücklichen Zufall erhaltene Briefwechsel des Priors Apronian Hueber läßt erkennen, daß man den täglichen Kontakt mit Klöstern und anderen geistlichen Institutionen in ganz Europa gepflegt hat: in Österreich, in Böhmen, in der Schweiz, in Deutschland, in Frankreich, in Italien.

Die Globalisierung zeigte sich auch im Speisezettel des Klosters sowie in neuen landwirtschaftlichen Anbauversuchen. Neue Produkte kamen auf, etwa der Mais oder die Kartoffel. Mehrerau legte eine für die Seidenraupenzucht gedachte mustergültige Maulbeerbaumplantage an. Kaffee, Kakao, Schokolade und Tabak gewannen zunehmend an Bedeutung.

Die Globalisierung ging aber noch weiter. Der französische Schriftsteller Cyrano de Bergerac brach bereits um die Mitte des 17. Jahrhunderts in der Phantasie zu Reisen in die Mondstaaten und Sonnenreiche auf. Lange Zeit wurde die Beherrschung des Luftraums als Teufelswerk gesehen. Kirche und Staat führten tausende Hexen auf den Scheiterhaufen, nachdem man ihnen durch die Folter das Geständnis abgepreßt hatte, daß sie auf einem Besen zu Treffen auf einsamen Bergen geflogen seien. Der neue Zeitgeist stellte die Luftfahrt in ein neues Licht.

Die Revolution der Naturwissenschaften in der Aufklärung förderte jede Form von Experimenten. Sogar in den Klöstern stoßen wir bereits sehr viel früher auf Experimente der Luftfahrt. Seit Jahrhunderten lebte man in der Welt der geflügelten Engel. Kaum ein Raum in einem klösterlichen Gebäudekomplex, in dem man nicht die Darstellung von Engeln gefunden hätte. Das morgens, mittags und abends gesprochene Gebet „Engel des Herrn", „Angelus Domini", eingeläutet mit dem Angelusläuten, unterteilte den Tageslauf und machte die Engel als aeronautische Gestalten allgegenwärtig. Der Prämonstratensermönch Kaspar Mohr († 1625) im Kloster Schussenried erfand einen Flugapparat. Karl Friedrich Meerwein († 1810), Verfasser der Bücher „Die Kunst zu fliegen, nach Art der Vögel" (Frankfurt 1783) und „Der Mensch, sollte der nicht auch mit Fähigkeiten zum Fliegen geboren sein?" (Basel 1784), beschreibt die damals noch in der Klosterbibliothek vorhandene Maschine, „die in Riemen läuft, und mit Füßen nachgetreten wird". Mohr sei, wenn er durch die Luft reisen wollte, mit der Maschine auf den Turm hinaufgestiegen und habe sich zum Schalloch hinaus auf die Reise begeben. Nach der Hauschronik von 1760 habe man Mohr allerdings das Fliegen verboten und ihm den Flugapparat abgenommen. Jedenfalls wurde der „fliegende Mönch" später in der Klosterkirche bildlich dargestellt, auch hier in Verbindung mit einem Globus.

Die starken Verweltlichungstendenzen der Zeit bargen für die Klöster existenzielle Gefahren. Gott hatte sich in den Ruhestand begeben. Die Französische Revolution ersetzte ihn durch ein „Être Suprême", ein unbestimmtes höchstes Wesen. Der Vernunft wurden Altäre errichtet. Ein Ende der Klöster schien vorprogrammiert. Das Kloster Kempten feierte 1777 sein 1000jähriges Bestehen mit einer riesigen Torte. 1764 beging Ottobeuren seine 1000-Jahrfeier. Solche Jahrtausend- oder Jahrhundertfeiern waren eine Neuerung, die man früher nicht kannte. Auch in der Mehrerau besann man sich mehr und mehr auf die Geschichte und betonte das Alter des Klosters durch eine starke Wiederbelebung der Kolumbantradition.

Die Klöster mußten ab jetzt ernsthaft um ihre Legitimation kämpfen. Zuvor, in der auf das Jenseits gerichteten Weltordnung der Heilszeit, war die Existenzberechtigung von Klöstern unbestritten. Die Welt- und Standesordnung hatte ihnen einen festen Platz im Rahmen des „Bete" zugewiesen. Wenn sie jetzt versuchten, sich durch ihre „lange Dauer" und durch Gründungslegenden zu legitimieren, machten sie dem neuen Zeitgeist Zugeständnisse. Es gehört zur Ironie der Geschichte, daß die lange Dauer, in eine Jubiläumstorte gegossen, zum baldigen Verzehr bestimmt war.

Eine Gefahr für die Existenz der Klöster ging von der naturrechtlichen Betonung der Gleichheit aus. Denn man förderte durch die Steigerung der staatlichen Aktivitäten und durch die Kodifikationen für riesige Gebiete, die in Preußen etwa vom Niederrhein bis zur Masurischen Seenplatte reichten, eine Rechtsvereinheitlichung und ungute Gleichmacherei. Sie lief letztlich darauf hinaus, die Kleinstaaten durch überdimensionale nationale Einheitsstaaten zu ersetzen, in denen klösterliche Fürstenstaaten wie Kempten, St. Gallen oder Lindau keinen Platz mehr haben konnten. Die Klöster legten Hand an sich selbst, indem sie die absolutistischen Regierungsformen aufgriffen und nachahmten. Es ist kein Zufall, daß der Hauptausschuß der Reichsdeputation von 1803 den staatlichen Funktionen der Klöster ein Ende setzte und daß im Zuge der Verbreitung des Geistes der Französischen Revolution viele Klöster überhaupt geschlossen wurden. Die Weltzeit, die Gott in den Ruhestand versetzt hatte, bedurfte keiner Klöster mehr. Welche Rolle aber auch jetzt noch die Heilszeit spielt, ist dem Brief der Schwester Maria Crescentia von Kaufbeuren an den Prior Apronian Hueber (1734) zu entnehmen. Er enthält ausführliche Ratschläge für eine Jenseitsgestaltung.

In der Französischen Revolution erreichte die Verweltlichung ihren Höhepunkt. Es wurde eine planmäßige Entchristlichung betrieben. Klöster wurden geschlossen, Kirchen zerstört. Der Pöbel zog in Priestergewändern mit Bischofs- und Abtstäben durch die Straßen, schwenkte Weihrauchkessel, setzte Marienstatuen revolutionäre Hüte auf oder trank aus Kelchen. Einen Höhepunkt bildete der Revolutionskalender. Gestützt auf die Vernunft, hatte Frankreich in allen Bereichen des „Messens" das Dezimalsystem eingeführt. Und so führte man - wenn auch nicht mit letzter Konsequenz - den

Abb. 9: Antireligiöser Umzug in Paris, 1793

Revolutionskalender ein. Er teilte die Monate in drei Dekaden zu zehn Tagen ein, der 10. Tag „Décadi" ersetzte den Sonntag als Ruhetag.

Durch ein Gesetz vom 4. Frimaire des Jahres II (= 22. November 1793) wurde die Zehnstundenuhr („Dezimaluhr") eingeführt. Der bisherige Tag zu 24 Stunden wurde durch einen Tag von 10 Stunden ersetzt. Die Stunde hatte 100 Minuten, der Tag 100.000 Sekunden. Die neuen Dezimaluhren fanden durch den Handel weite Verbreitung, konnten sich aber ebensowenig durchsetzen wie der Revolutionskalender.

Das Kloster Mehrerau wurde 1806 aufgehoben. Am 22. Februar 1807 wurde die letzte Messe in der Kirche gehalten. P. Gallus Hasler stellte die Abschiedspredigt unter die Bibelworte „Es ist vollbracht". Am 7. Dezember 1807 wurde in barbarischer Weise der Kirchturm zum Einsturz gebracht, die Kirche abgebrochen, das Inventar und die Bibliothek verschleudert. Das Klostergebäude wurde 1809 in ein Lustschloß für die bayerische Königin Karoline umgewandelt, der Ort selbst in Karolinenau umgetauft. Eine Damnatio memoriae? Wie gründlich man mit der Tradition aufräumte, zeigt das Beispiel des Bregenzer Studenten Jakob Sauter, der 1813 in der Matrikel der Universität Landshut als Herkunftsort „Karolinenau" angab.

Die Repräsentation der Klöster, sei es in den kostspieligen barocken Bauten oder in den üppigen Tafelfreuden, wurde auf dem Rücken der teilweise immer noch leibeigenen Untertanen ausgetragen. Diese wurden zusehends stärker besteuert und ausgebeutet, sie verarmten und gerieten in Not. Die Folge waren große Hungersnöte und durch sie ausgelöste Aufstände. Der berühmte Marsch der Pariser „Marktweiber" nach Versailles vom 5. Oktober 1789 war durch Hunger und Mangel an Brot ausgelöst worden. Die unsinnige Frage von Königin Marie Antoinette, warum die Leute, wenn es kein Brot gibt, denn keinen Kuchen essen, entspricht ganz dem Geist des ausladenden Speisezettels des Kemptner Hofes von 1802. Armut und Not schürten revolutionäre Akte. Aber auch der Bruch alten Gewohnheitsrechtes wurde zur Ursache für den Widerstand des unterdrückten Volkes. So wandten sich 1807 im „Weiberaufstand" von Krumbach im Bregenzerwald die Mütter gegen die Einführung der allgemeinen Wehrpflicht.

Das weltgeschichtliche Ereignis von Versailles und der lokale Vorgang in Krumbach sind schwer zu vergleichen, weisen aber auch darin ein übereinstimmendes Element auf, daß in beiden Fällen die Initiative von den seit Jahrhunderten ins Abseits gedrängten Frauen ausging, während sich - in der bildlichen Darstellung des Krumbacher Aufstandes - der Mann furchtsam in einer Tanne versteckte. Die Anführerin Christina Heidegger, die bisher unentdeckte erste Vorarlberger Feministin, wurde ebenso für verrückt erklärt wie Olympe de Gouges, die sich in Frankreich engagiert für die Gleichberechtigung der Frauen eingesetzt hatte. Feministische Forderungen blieben vorerst eine Vision, eine geradezu klassische Botschaft an die Zukunft, die noch unserem ausgehenden 20. Jahrhundert zu schaffen macht.

Zeiträume. Die anschwellenden Ströme des Blutes, das durch die Revolution und die Koalitionskriege vergossen wurde, mündeten in die neue Epoche der Zeiträume

Abb. 10: Zehnstundenuhr, Ende 18. Jh.

Abb. 11: Mehrerau als Lustschloß, Anfang 19. Jh.

Bregenz mit Ansicht des Königl. Lust Schloße

...hrerau und der Außsicht gegen Lindau und Roschach.

ein. Die janusköpfige Weltuhr, deren Räderwerk die abgelaufene Weltzeit bestimmt hatte, führte mit ihrer stählernen Härte und ihrem unerbittlichen Takt nahtlos in das jetzt anhebende Zeitalter der Technik. Ein ungehemmter Fortschritts- und Zukunftsglaube veränderte im 19. und 20. Jahrhundert die Welt. Die Entwicklung nahm von Generation zu Generation, von Jahrzehnt zu Jahrzehnt, von Jahr zu Jahr an Geschwindigkeit zu.

Gegenträume. Der Zusammenbruch der alten Ordnung in der Revolution wurde jedoch nicht überall als Fortschritt empfunden. Es regten sich Widerstände gegen den Rationalismus, gegen die Aufklärung, gegen den aufkommenden nationalen Einheitsstaat, gegen die Technisierung und Industrialisierung. Es formierten sich kräftige Gegenströme: die Restauration, die Romantik, die kleinstaatlichen und föderalistischen Alternativen.

Das bäuerlich-konservative Land Vorarlberg hatte die politische Revolution ausgesprochen negativ erlebt. Die Bereitschaft für eine Restauration war groß, sie wurde von den Vorarlberger Landständen 1815 vehement gefordert. In der Abwehr der Franzosen und ihres neuen Geistes erlebten sich die Vorarlberger erstmals als eine Einheit. Der von Anton Schneider geführte Aufstand gegen die Bayern und Franzosen im Jahre 1809 festigte das werdende Landesbewußtsein. Es entstand in jener Zeit die „Vorarlberger Nazion", man entdeckte einen Vorarlberger Nationalcharakter, man fand trotz oder gerade wegen der Beseitigung der Selbständigkeit des Landes die eigene Identität. Losgelöst vom alemannischen Vorderösterreich und vom österreichischen Schwaben empfand man, zu einem Anhängsel Tirols geworden, das eigene Volkstum als neuen Wert. Man wurde sich der alemannischen Sprache bewußt. Mundartdichter wie Gebhard Weiss, Kaspar Hagen und Josef Feldkircher, später der Romancier Michael Felder, schufen eine eigenständige Vorarlberger Literatur. Unter dem Einfluß der Romantik widmete man sich der Aufzeichnung der Landesgeschichte und der Sammlung des heimischen Sagen- und Liedgutes. Die romantischen Sehnsüchte der Vorarlberger treten uns in den Porträts und Landschaftsbildern entgegen. 1827 wurde ein Vorarlberger Landesmuseum geplant. 1839 erschien, von einem ehemaligen Mehrerauer Mönch herausgegeben, die dreibändige Landeskunde „Vorarlberg" von Franz Joseph Weizenegger. Weitere wichtige Stufen auf dem Wege zu einem eigenen Land waren die Gründung des Landesmuseumsvereins (1857) und die Gründung des Landesarchivs (1898). Endlich gewann das Land 1918 seine Selbständigkeit. Ein Gegentraum war damit Wirklichkeit geworden.

Die Aufnahme der aus Wettingen als Opfer der liberalen Fortschrittsbewegung vertriebenen Zisterzienser in den verwaisten Klostergebäuden in Bregenz (1854) ist ein Motiv in diesem Vorarlberger Gegentraum. Bereits 1815 hatte man im Zuge der Restauration daran gedacht, das Benediktinerkloster wiederherzustellen. Diese Pläne scheiterten zwar, blieben aber dennoch wach. Zum dritten Mal nach Kolumban und Diedo und seinen Nachfolgern verwirklichten die Wettinger Zisterzienser in Bregenz ihre Vision von einem der Ehre Gottes geweihten Kloster, von dem bis in unsere Tage eine gestaltende Kraft ausgeht. So wie die Mehrerauer Benediktiner bewußt die Tradition Kolumbans aufgegriffen hatten, so stellten sich die neuen Mönche in die benediktinische Tradition. Die feierliche Wiedereröffnungspredigt von C. Greith stand unter dem Thema „Die Klöster Mehrerau und Wettingen nach ihrer Vergangenheit und Zukunft". Unter den Wettinger Zisterziensern, die damals diesen Neuanfang wagten, befand sich Alberich Zwyssig, der Komponist des Schweizer Psalms, der heutigen Nationalhymne der Schweiz.

Fortschrittstempo. Trotz aller Kraft des Vorarlberger Gegentraums ließen sich die Zeitträume nicht aufhalten. Der Mönch, der versucht, die Uhr zurückzudrehen, wurde im Kulturkampf erneut zur Zielscheibe der Spötter.

Abb. 12: Antiklerikale Karikatur, 1876

Das Land konnte sich den Fortschrittsträumen nicht entziehen. Im Gegenteil. Gerade die Tatsache, daß man den Vorarlbergern die politische Eigenständigkeit versagte, begünstigte die Entstehung einer Politikverdrossenheit. Man suchte sich auf wirtschaftlichem Gebiet zu engagieren. Und in wenigen Jahrzehnten schaffte es Vorarlberg, von einem Armenhaus zu einem wirtschaftlich starken Industrieland aufzusteigen. Personifiziert sind diese Bestrebungen in dem Wirtschaftsführer Karl Ganahl, dem jedoch zahlreiche andere Unternehmer zur Seite standen. Bereits um die Jahrhundertmitte übertraf der Grad der Industrialisierung des Landes den von Tirol. Industrialisierung, Eisenbahnbau, Straßenbau und Wildbachverbauung führten Tausende von Einwanderern aus dem Trentino nach Vorarlberg.

Das Unternehmertum ersetzte jetzt jene Kräfte, die vor 1800 geherrscht hatten, nämlich Adel und Klerus. Die Masse der Bevölkerung, die leibeigenen Bauern, fanden in der Arbeiterschaft ihr Gegenstück. Eine neue soziale Ordnung bildete sich heraus. Das liberale Bürgertum, als deren Vorarlberger Vertreter Karl Ganahl gilt, setzte in Wirtschaft und Gesellschaft, nicht zuletzt aber auch im Recht, seine Vorstellungen durch. Überall im Land entstanden Fabriken, zum Teil von riesigem Ausmaß. Dem Bläsi der Stadtzeit vergleichbar bestimmten jetzt weit ins Land hinein sichtbare Fabriksuhren den Tagesablauf der Arbeiter; Fabriksglocken zeigten Arbeitsunterbrechungen an. Fabriksordnungen reglementierten bis ins letzte Detail die Pflichten der Arbeiterschaft.

Trotz des Bekenntnisses zum Fortschritt erneuerten die neuen Fabrikherren vergangene feudale Strukturen. Sie schufen neue Formen von Abhängigkeiten und gebärdeten sich vielfach gegenüber ihren abhängigen Arbeitern wie die Leibherren des Ancien Régime. Auch in der äußeren Repräsentation imitierten sie Adel und Geistlichkeit, die feudalen Gewalten von einst. Sie errichteten Fabriken im Stil alter Schlösser wie in Dornbirn oder im Stil einer Basilika in Frastanz. Boten die Leibherren von damals ihrer „Familia" noch Schutz und Schirm, so hatte sich dieses mittelalterliche Prinzip herrschaftlicher Fürsorgepflichten weitgehend verflüchtigt. Die schamlose Ausbeutung der Arbeitskraft zeigte sich ganz besonders im Elend der Kinderarbeit. Kinder im Alter von neun oder zehn Jahren arbeiteten täglich bis zu 12 oder gar 16 Stunden, teilweise unter katastrophalen hygienischen Bedingungen.

Im Mittelpunkt der Zeitträume stand der Wunsch nach einer schnell wachsenden Mobilität. Die Planung und der Bau von Eisenbahnen wurden zu einer Manie. Im Rheintal brachte man Alternativen gegen die Gotthard- und Brennerbahn vor, eine Bahnlinie von Rorschach bzw. Bregenz/Feldkirch über Chur in die Lombardei (1842) und eine Linie von Bregenz über das Montafon nach Landeck und von dort nach Meran, Verona und Triest (1846). Realisiert wurde 1872 die Vorarlbergbahn und 1884 die Arlbergbahn. Der große Planer im Verkehrswesen dieser Zeit war Alois von Negrelli. Er baute Straßen und Eisenbahnen in England und in Italien, in Vorarlberg und im Kanton St. Gallen. Er entwarf einen Plan zum Bau des Suezkanals. Er wirkte an der Begradigung des Rheinlaufs mit.

Eisenbahn und Dampfschiffahrt versetzten der traditionellen Bodenseeschiffahrt den Todesstoß. Die Schiffsleute wehrten sich vergeblich dagegen und schauten mit Wohlgefallen zu, als 1837 das bayerische Dampfschiff „Ludwig" beim Stapellauf unterging. Ein Lindauer „Maschinenstürmer" meinte dazu: „Ise isch Ise, und Ise schwimmt edd" – Eisen ist Eisen, und Eisen schwimmt nicht.

Doch die Entwicklung des Verkehrs schreitet rasant voran. (vgl. Klinkmann, S. 93-113). Ein erheiterndes Dokument, das dieses Gefühl unbegrenzter Mobilität belegt, ist eine um 1890 entstandene Juxkarte „Pfänder in der Zukunft". Seherisch wird darauf die ungestüme Entwicklung des Massentourismus vorhergesagt: vom Schilderwald der Wegweiser und Verbotstafeln bis zur uniformen Berg- und Wanderbekleidung. Die Wanderstäbe der Mönche, das „Stecklin" des fliehenden Abtes, die Bischofs- und Abtstäbe sind heute abgelöst worden durch die Skistöcke. Und die Wanderer, die man heute auf dem Pfänder trifft, bedienen sich der unverzichtbar gewordenen Teleskopstöcke.

Nostradamus gilt wohl als der bedeutendste Seher der Geschichte. Nach ihm wird der Untergang der Erde erst um 3797 stattfinden, und zwar als gigantische Überschwemmung: „Die Erde wird von so hohen Fluten überschwemmt, daß kaum noch Land übrig ist, das nicht unter Wasser stehen wird.". Nostradamus konnte die „Überschwemmung" am und auf dem Pfänder nicht vorauserkennen. Sie hat sich gewaltig gesteigert und schwillt an Spitzenzeiten im ganzen Land zu riesigen Staus an. Wir bauen babylonische Türme in den Himmel oder in die Tiefe, um Parkräume für Autos zu schaffen. Von St. Margrethen nach Bregenz war man vor 900 Jahren mit Roß und Wagen kaum langsamer als heute an Samstagen im Auto-Stau.

Allerdings hatte Nostradamus auch recht. Seine Prognosen beunruhigen die Versicherungsanstalten bereits jetzt, die eifrig über die Bücher gehen und neue Risikorechnungen anstellen. Die Wasser steigen seit den letzten Jahren weltweit. Nähern wir uns einem Untergang, einer Neuauflage der Sintflut? Überschwemmungen, Hurrikane, Flutwellen führen uns von einer Schlagzeile zur anderen: Brig, Polen, Holland, China, Honduras, Nicaragua stehen für Überschwemmungen, die wir noch frisch in Erinnerung haben.

Abb. 13: Pfänder in der Zukunft, um 1890

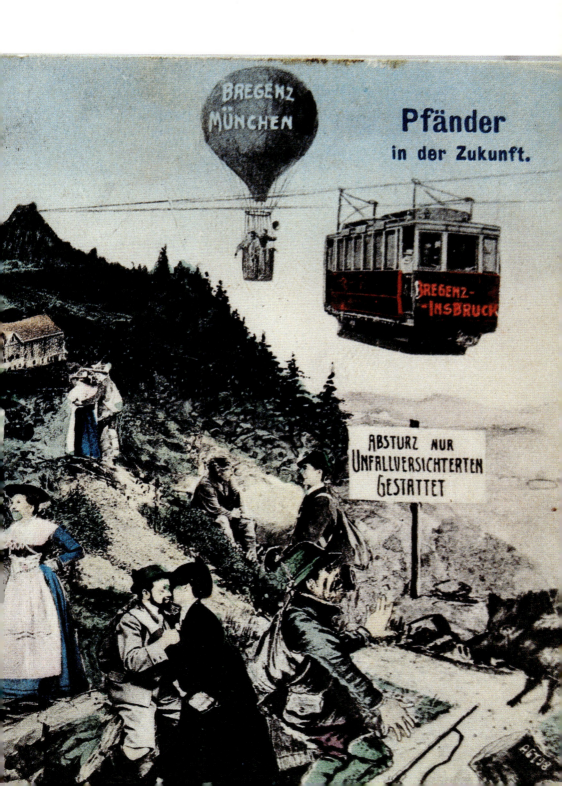

Zu guter Letzt, schon lange bevor die Massen-, Medien- und Showkultur ab den 60er Jahren zu fließen und seit den 80er Jahren alles zu überfluten begann, ahnte 1918/22 der Kulturphilosoph Oswald Spengler den „Untergang des Abendlandes" auch noch in kultureller Hinsicht voraus.

Arche. Die Geschichte von der Arche gehört zum ältesten Erzählgut der Menschheit, die wiederholt ihren Untergang erlebt haben soll. Die Arche ermöglichte immer einen Neuanfang durch diejenigen, die die Katastrophe überlebt hatten: „Noah, der Landmann, begann die Weinrebe zu pflanzen". Eine Variante, die der griechische Schriftsteller Berosus erzählt, spricht von einer kleinen Gruppe von Menschen, der es gelang, durch ein überlegenes Waffensystem die übrige Menschheit zu beherrschen und zu tyrannisieren. Nach Berosus überlebten nur acht Menschen die Sintflut. Diese hätten untereinander geheiratet und jeweils Zwillinge zur Welt gebracht, einen Knaben und ein Mädchen; so habe sich das Menschengeschlecht rasch wieder erneuert.

Die Menschheit wird auch nach Nostradamus diese Katastrophe überleben. Sie wird in wachsender Zahl das gesamte Universum bevölkern. Symbol für diese Errettung der Menschheit ist der Walfisch, der einst den Propheten Jonas rettete und in dessen Bauch letztlich die Menschen aller Kontinente vor dem Untergang bewahrt werden. Schon Berosus zog das Fazit aus seiner Darstellung der Sintflut: „Denn Gott und die Natur hat nie die Creatur in nöthen lassen stecken".

Controlling wider die weltlichen Lüste
Die Visitationen des Klosters Mehrerau
Alois Niederstätter

Die Heilszeit setzte neue Werte und Maßstäbe für das Leben. Die Zeit der Regeln hatte begonnen und mit ihnen das Interesse, ihre Einhaltung zu sichern und – mit einem modernen Wort ausgedrückt – zu kontrollieren. Für die Klöster bürgerte sich das Wort der „Visitation" ein, was klar zeigt, daß eine Delegation persönlich anwesend war, Untersuchungen vornahm oder Berichte abstattete. Wenn wir heute auf Ausdrücke wie Evaluation, Monitoring und Controlling stoßen, wird kaum mehr an diese Vorgeschichte in den Klöstern, in den Musterzellen und geistlichen Werkstätten des Christentums, gedacht.

Schon in den Anfängen des Christentums wies der Apostel Paulus in seinem zweiten Brief an Timotheus auf die künftige Aufgabe des Hirten hin, zu überwachen sowie, wenn es die Umstände erfordern, auch korrigierend oder strafend einzugreifen: „Predige das Wort, stehe bereit zu gelegener und ungelegener Zeit; überführe, strafe, ermahne mit aller Langmut und Lehre. Denn es wird eine Zeit sein, da sie die gesunde Lehre nicht ertragen, sondern nach ihren eigenen Lüsten sich selbst Lehrer aufhäufen werden, weil es ihnen in den Ohren kitzelt; und sie werden die Ohren von der Wahrheit abkehren und sich zu den Fabeln hinwenden. Du aber sei nüchtern in allem, ertrage Leid, tu das Werk eines Evangelisten, vollbringe deinen Dienst."

Übersicht verlangt Zusammenschluß. Vom frühen Mittelalter an gehörte es zu den Obliegenheiten der Bischöfe, ihre Amtssprengel alljährlich zu bereisen, dabei die kirchlichen Einrichtungen zu inspizieren, den Klerus zu kontrollieren und die Gläubigen zu belehren. Auch die Klöster waren ursprünglich von den bischöflichen Visitationen betroffen. Seit dem 11. Jahrhundert gelang es jedoch zahlreichen Kirchen, sich durch vom Papst verliehene oder usurpierte 'Ausnahmen', Exemtionen, diesen Kontrollen zu entziehen. Da die Benediktinerklöster außerdem gemäß der Regel des hl. Benedikt ursprünglich keinen übergeordneten Zusammenschluß – etwa ein Generalkapitel – kannten, war die Einhaltung der Gelübde und der Ordensbestimmungen gefährdet, so daß die Päpste immer wieder Reformrichtlinien erlassen mußten. Um deren Durchführung zu erleichtern, wurden alle Benediktinerklöster - auch die exemten - einer von 36 Ordensprovinzen zugewiesen. Die größte der deutschen Provinzen bildete der Sprengel Mainz-Bamberg-Böhmen mit 130 Klöstern, darunter die Mehrerau. Die Bestrebungen, die Klosterzucht zu heben, stießen bei den Betroffenen freilich nicht selten auf Unmut oder gar auf offenen Widerstand.

Zu Beginn des 15. Jahrhunderts beschäftigte sich das Konstanzer Konzil im Rahmen der Bemühungen um eine allgemeine Reform der Kirche auch mit einer Erneuerung des religiösen Lebens in den kleineren Einheiten, so unter anderem auch im Benediktinerorden. In Konstanz anwesend waren die Äbte von St. Gallen, Kempten, Weingarten, Ellwangen, St. Georgen, Blaubeuren, Petershausen, Zwiefalten, Laach, Alpirsbach, Luzern, Fulda, Melk, Niederaltaich, Cluny, Corvey, Ossiach, Admont, Pegau und Chemnitz. Zur Erreichung dieses Zwecks trat ein Generalkapitel der Benediktinerprovinz Mainz-Bamberg im vor den Toren von Konstanz gelegenen Kloster Petershausen, dem Mutterkloster der Mehrerau, zusammen. Visitationen sollten die Reformmaßnahmen einleiten und in weiterer Folge deren Erfolg überprüfen.

Neben der geistlichen Obrigkeit waren auch die weltlichen Herrschaftsträger an einer Reform der Klöster interessiert, zum einen aus religiösen, zum anderen aus steuerlichen oder machtpolitischen Erwägungen. Es ging ihnen auch darum, einen Überblick über den wirtschaftlichen Zustand und die finanziellen Möglichkeiten der Klöster, die zum erweiterten Kammergut der Landesherren zählten, zu gewinnen und außerdem genehme Persönlichkeiten in leitende Stellen zu bringen.

In Österreich bildete die von Herzog Albrecht V. geförderte „Melker Reform" die Basis für die weitere Entwicklung. Vorbild war das italienische Kloster Subiaco, von wo Herzog Albrecht deutsche Mönche berufen ließ.

Die Reform wurde bereits von der ersten Kommission, der unter anderen Nikolaus Seyringer von Matzen, Nikolaus von Respitz und Petrus von Rosenheim angehörten, überaus rigoros durchgeführt. In Melk, wo sie ihren Anfang nahm, setzten die Visitatoren unverzüglich den bis dahin regierenden Abt ab, dem Nikolaus Seyringer nachfolgte. Nur der Prior und neun weitere Mönche durften im Kloster verbleiben. Die Vorschriften von Subiaco wurden in einzelnen Punkten den örtlichen Gegebenheiten angepaßt und als „Consuetudines Mellicenses" verbindliche Norm der Reform. Neben Melk bildete das Wiener Schottenkloster, wo 1418 die irischen Mönche weichen mußten und durch einen deutschen Konvent unter Nikolaus von Respitz ersetzt wurden, ein weiteres Zentrum des Reformkreises, der unter dem Namen „Melker Observanz" oder „Melker Union" bekannt wurde. Zu ihr gehörten in den österreichischen Alpenländern außerdem Klein-Mariazell, Seitenstetten, Kremsmünster, Lambach, Garsten und Gleink (seit 1419), Millstatt (1430), St. Peter in Salzburg (1431), Michaelbeuren (1434) und Mondsee (1435) sowie zahlreiche weitere Stifte in Bayern und Schwaben. Allerdings schlossen sich die von der Melker

Reformbewegung erfaßten Klöster in weiterer Folge nicht zu einem festen Verband zusammen, es wurde kein Generalkapitel gebildet.

Wiederholte strenge Visitationen sollten für die Durchsetzung und Beibehaltung der Erneuerung sorgen. Es sind vier Visitationsperioden belegbar: eine erste in den Jahren 1418 und 1419 im Auftrag des Landesherrn in österreichischen Benediktinerklöstern, eine zweite von 1426 an, in der die Reform auch den bayerischen Raum erfaßte, eine dritte zur Zeit des Basler Konzils von der Mitte der dreißiger Jahre des 15. Jahrhunderts an und schließlich eine vierte 1451/52 unter der Aufsicht keines geringeren als Nikolaus Cusanus.

Besonderes Augenmerk richtete die Melker Reform, die der Rektor der Wiener Universität Nikolaus von Dinkelsbühl († 1433) nachhaltig förderte, auf die Fastenordnung, vor allem auf das gänzliche Verbot des Fleischgenusses, die Besitzlosigkeit der Mönche und den Standard der Klosterschulen, andererseits aber auch auf eine effektive Vermögensverwaltung. Abgeschafft wurden die sogenannten Wahlkapitulationen, in denen sich die Mönche bei der Wahl eines Abtes bestimmte Rechte zusichern ließen, sowie die Trennung der Einkünfte zwischen Abt und Konvent. Gesellschaftliche Relevanz besaß die von den Reformklöstern eingegangene Verpflichtung, Nichtadelige in den Konventen zuzulassen. Die Bautätigkeit, die in vielen Benediktinerklöstern im Verlaufe des 15. Jahrhunderts einsetzte, wird nicht zuletzt als Auswirkung der Melker Reform gesehen.

Im Zusammenhang mit einem neuerlichen Reformschub zur Zeit des Basler Konzils erging 1435 an den Abt des Wiener Schottenklosters Johannes von Ochsenhausen der Auftrag, die Mehrerau zu visitieren. Allerdings ist nicht bekannt, ob die Visitation zustande kam. Erst vom 28. Mai 1446 ist ein erstes Mehrerauer Visitationsprotokoll überliefert. Als Visitatoren der Bregenzer Benediktiner traten im Auftrag des Provinzialkapitels von Erfurt die Äbte Johann von Petershausen und Ulrich von Wiblingen auf. Ulrich hatte 1442 bereits St. Nikolaus in Augsburg visitiert, 1446 hielt er sich außerdem im Kloster Reichenau auf.

Ermahnungen. Die Verhältnisse in der Mehrerau stellten die Visitatoren allem Anschein nach einigermaßen zufrieden, denn von besonderen Maßregeln oder gar von Eingriffen in die örtliche Ämterhierarchie ist nicht die Rede. Hinsichtlich des Meßritus beklagte man, daß die Aussprache einzelner Wörter mangelhaft sei und Pausen in den Litaneien gemacht würden. Auch das Verbeugen, Niederknien und sich auf den Boden Hinlegen sollte in erlernter Weise vorgenommen werden. Immerhin hatte ja schon der hl. Benedikt den Gottesdienst als das Zentrum des monastischen Lebens angesehen. Die anderen Punkte des Protokolls beziehen sich allem Anschein nach nicht auf konkrete Mißstände, sie sind vielmehr als allgemeine Ermahnungen anzusehen: Die Visitatoren warnten die Mönche vor dem Umgang mit Frauen; das Mitbringen von Frauen ins Kloster müsse ebenso mit Gefängnis geahndet werden wie der Besitz von Geld – und sei es auch nur ein einziger Gulden. Streng verboten wurden Karten- und Losspiele, innerhalb wie außerhalb des Klosters.

Diese Anweisungen entsprechen ganz dem Reformbestreben des 15. Jahrhunderts. Immer wieder wiesen die Visitatoren darauf hin, daß sich Frauen nicht im Klausurbereich aufhalten durften, selbst der Abt sollte unter seinen Gästen keine Frauen empfangen. Deren Teilnahme an Gottesdiensten wurde nur an Hochfesten geduldet, das Betreten des Kirchenschiffs sollte ihnen nur erlaubt sein, wenn es durch einen Lettner vom Chor getrennt war. Kein Mönch, mit Ausnahme des Zellerars, der in der Pfarrseelsorge tätigen Priestermönche und des Priors, durfte länger als 24 Stunden Geld besitzen. In diesen Kontext gehört außerdem der Wunsch, den Kontakt der Mönche zur Außenwelt so gering wie möglich zu halten, selbst wenn es sich um deren Verwandtschaft handelt. Auch den Mehrerauer Konventualen verbot man überlange Besuche bei Eltern, Verwandten und Freunden, und es sollte ein Zeitpunkt bestimmt werden, zu dem sich alle Mönche wieder im Kloster einzufinden hatten. Fremden Personen war der Aufenthalt im Kloster, vor allem das Übernachten, grundsätzlich untersagt. In den Rahmen der „Enthaltung", „continentia", fällt das Verbot von Spielen. Selbst gegen die Beschäftigung mit Musikinstrumenten wandten sich die Reformer, und auch im Gottesdienst durfte die Orgel nur bis zum Evangelium und nur zur Unterstützung der Gregorianik, nicht aber zum Vortrag mehrstimmiger Musik eingesetzt werden.

Auf die aus der „Benedictina" übernommene Bestimmung der Melker „Consuetudines", daß alle Nichtpriester der Klostergemeinschaft zumindest einmal wöchentlich und die Mönchspriester vor jeder Meßfeier die Beichte abzulegen hätten, ohne die keiner länger als drei Tage sein sollte, wiesen die Visitatoren auch die Mehrerauer Konventualen hin. Der Abt sollte einen eigenen frater confessor, einen Beichtvater, benennen. Den Laienbrüdern, Konversen und den Novizen legten sie die rege Teilnahme an den Messen und den sonstigen religiösen Feiern nahe. Mit dem Mehrerauer scholasticus, damit ist hier wohl der Novizenmeister – magister noviciorum – gemeint, waren die Visitatoren zufrieden. Abschließend wurden die Mehrerauer Benediktiner ermahnt, in Frieden miteinander zu leben. Der Abt erhielt den Auftrag, jene Konventualen, die mit Worten oder Werken Böses tun, den Regeln entsprechend zu bestrafen.

Individualismus und Unverstand. Während sich die Visitatoren des Jahres 1446 im großen und ganzen mit allgemeinen Ermahnungen begnügen konnten, bot das Kloster zu Beginn des 16. Jahrhunderts ein wesentlich schlechteres Bild: Es hieß, die Mönche würden anstatt in einem gemeinsamen Schlafsaal, dormitorium, in eigenen Zellen schlafen, dort auch die Mahlzeiten einnehmen, nach Belieben im Kloster aus- und eingehen und die Klausur nicht beachten, außerdem sei der Gottesdienst sträflich vernachläßigt.

Es war freilich nicht die geistliche Obrigkeit, von der die Initiative zur Abschaffung dieser Mißstände ausging, sondern die weltliche. 1508 informierte Kaiser Maximilian als Vogt des Klosters den Bischof von Konstanz, Hugo von Landenberg, vom Niedergang der klösterlichen Zucht in der Mehrerau. Die Reformmaßnahmen begannen im Oktober dieses Jahres: Der Bischof von Konstanz, Abt Martin von Wiblingen, und Vertreter des Kaisers forderten die Mehrerauer Konventualen zur Rückkehr zur Regel des hl. Benedikt auf, was ihnen Abt Georg Mag auch zusicherte. Freilich hatte der alte und kränkliche Klostervorsteher seine liebe Not, sich gegenüber seinem Konvent durchzusetzen. Die Mönche meinten, sie hätten ja bereits das Gelübde geleistet – und das müsse genügen. Um wenigstens das gemeinsame Leben wiederherzustellen, ließen die Visitatoren schließlich alles Eß- und Trinkgeschirr aus den Zellen ins Refektorium schaffen.

Eine grundlegende Reform gelang jedoch nicht, die Mehrerauer Konventualen blieben widerspenstig. Wiederum benötigte der Konstanzer Bischof Unterstützung von weltlicher Seite. Er erwirkte ein kaiserliches Mandat an den Bregenzer Vogt Wilhelm von Knöringen mit dem Auftrag zur Unterstützung sowie ein Schreiben Maximilians an die Mehrerau, in dem ihr der Entzug des kaiserlichen Schutzes und die Versetzung ungehorsamer Mönche in andere Klöster angedroht wurde.

Als am 4. September 1509 Bischof Hugo mit Abt Georg von Zwiefalten als Ordensvisitator in der Mehrerau erschien, wendete sich das Blatt. Die Konventualen mußten einräumen, die Regel mißachtet zu haben; sie hätten freilich, so entschuldigten sie sich, nicht aus bösem Willen, sondern aus Unverstand gehandelt. Auf ihre Bitten hin gewährten ihnen die Visitatoren Verzeihung, gleichzeitig nahm man energisch die Erneuerung des Klosterlebens in Angriff: „In spiritualibus", in geistlichen Angelegenheiten, wurden zwei Mönche aus einem reformierten Kloster dem Abt beigeordnet. Um die gleichfalls zerrütteteten wirtschaftlichen Verhältnisse der Mehrerau in Ordnung zu bringen, sollten dem Abt Bruder Jakob Raislin aus dem eigenen Konvent sowie ein Mönch aus einem anderen Kloster zur Seite stehen. Es wurde eine doppelte Buch- und Registerführung – durch den Abt und die beiden Deputierten – angeordnet. Außerdem hatten die Brüder alle Habe, Zinsen und Schulden dem Prälaten und den zugeordneten Mönchen zu übergeben und fortan in Armut zu leben. „Das Kloster hielt sich auch in der Folgezeit in sittlicher Hinsicht klaglos, und seine Stellungnahme dem Ossiacher Mönch gegenüber, der im Frühjahr 1526 nach kurzem Aufenthalt zu Mehrerau von dort entsprang und eine „gute Metze" zum Weibe nahm, sowie anderen Unfug verübte, war ernst und entschieden. Auch später noch wurde auf die Beobachtung der Klosterzucht streng geachtet", wie Schöch schreibt.

Die Mehrerauer Zustände an der Wende vom Mittelalter zur Neuzeit waren freilich kein Sonderfall. Sowohl der Welt- wie auch der Regularklerus sahen sich massiver, vielfach berechtigter öffentlicher Kritik ausgesetzt. Die Kirchengeschichte des ausgehenden Mittelalters, des „vorreformatorischen Zeitalters", ist im Heiligen Römischen Reich geprägt von einer geradezu dramatisch krisenhaften Entwicklung. Gleichzeitig aber gelten die letzten Jahrzehnte des 15. Jahrhunderts zu Recht als eine der „kirchenfrömmsten Zeiten des Mittelalters".

Volksfrömmigkeit gegen Klerus. So wie eine tiefer greifende Christianisierung der Gesellschaft ein Produkt des Spätmittelalters ist, kennzeichnen die „Verbürgerlichung" und „Verbäuerlichung" des religiösen Lebens die Wende vom Mittelalter zur Neuzeit. Die Gesellschaft, vor allem deren mittlere und untere Schichten, befand sich auf dem Weg zu einer neuen Frömmigkeit, die das Volk nicht bloß zum Teilhaber, sondern geradezu zum Gestalter des kirchlich-religiösen Wesens machte. Die Kommunalisierung des öffentlichen Lebens dehnte sich nun auch auf den geistlichen Sektor aus. Das wachsende religiöse Interesse der Bevölkerung verlangte danach, alle relevanten Seelsorgeakte im eigenen Umfeld, im eigenen Dorf zu erhalten. Die Gemeinden waren bereit, dafür verhältnismäßig hohe finanzielle Aufwendungen zu tätigen, indem neue Seelsorgestellen eingerichtet, Kirchen umgestaltet, erweitert oder überhaupt neu errichtet und mit Kunstwerken als Medien der Vermittlung von Glaubensinhalten zeitgemäß ausgestattet wurden.

So ist es nicht verwunderlich, daß die in religiösen Belangen nicht nur sensibilisierte, sondern auch unmittelbar aktiv gewordene Öffentlichkeit an der Situation der Kirche und vor allem des Klerus Anstoß nahm. Die zeitgenössische Kritik richtete sich gegen den geistlichen Grundbesitz im allgemeinen und den der Klöster im besonderen - oder wenigstens gegen dessen rasche Zunahme -, gegen die Ausdehnung der geistlichen Gerichtsbarkeit, das Überhandnehmen der Anwendung von Kirchenstrafen, die Vernachlässigung der gottesdienstlichen Verrichtungen durch den Pfarrklerus sowie gegen dessen Lebenswandel. Die Klagen über die von großen Teilen der Bevölkerung als schwerwiegend empfundenen Mißstände betrafen im allgemeinen nicht die Institution Kirche, deren Heiligkeit und Selbstverständlichkeit außer Frage standen, sie richteten sich vielmehr gegen ihre unvollkommenen Diener, den Klerus. Wegen der Einbindung der ganzen persönlichen Existenz in den kirchlich-religiösen Bereich konnte sich der Unmut bis zum ausgesprochenen Haß gegen Mönche und Weltpriester steigern.

Klagen über die Lockerung der Klosterzucht waren an der Tagesordnung, allgemein konstatierte man die Vernachlässigung des gemeinsamen Lebens, Nichtbeachtung des Gelübdes der Armut, Aufhebung der Klausur bis hin zum beliebigen Verlassen des Klosters und dem Empfang von Besuchen, Vernachlässigung des Gottesdienstes, der Gebete, der Klosterschule und der Wissenschaften. Sogar vom Eindringen der Spiel- und Trunksucht wurde berichtet sowie von wilden Ausschweifungen.

Weltlicher Rückenwind für Reform. Der Widerstand gegen Reformversuche blieb keineswegs auf die Mehrerau beschränkt, er regte sich in mehr oder weniger heftiger Form gleichermaßen in vielen anderen Klöstern. Daß die Mehrerauer Benediktiner wieder zur Ordensregel zurückfanden, war nicht zuletzt eine Folge des Drucks, der von der Landesherrschaft, also von weltlicher Seite, ausgeübt wurde. Wo dieser fehlte, entglitt der geistlichen Obrigkeit vielfach die Kontrolle, so daß schließlich die Reformation mit der Auflösung der herkömmlichen Strukturen völlig neue Verhältnisse schuf. In Vorarlberg hingegen setzte sich aufgrund des konsequenten Eingreifens der weltlichen Macht der alte Glaube verhältnismäßig rasch gegen das reformatorische Gedankengut durch; die Mehrerau war nach der Klosterreform von 1509 ein wichtiger Pfeiler des Katholizismus. So wirkte der Konventuale Ulrich Moez, Pfarrer und Propst im mehrerauischen Lingenau sowie von 1533 bis 1560 Abt, besonders eifrig als Gegenreformator im Bregenzerwald.

Ein weiteres Visitationsprotokoll ist aus dem Jahr 1594 erhalten. Als Visitator waltete Pietro Paolo Benalli, der damals im Auftrag von Papst Clemens VIII. vergeblich versuchte, alle deutschen Benediktiner zusammenzuschließen und mit der Kongregation von Monte Cassino zu vereinen. Benallis Besuch in der Mehrerau ist sicherlich auch in diesem Zusammenhang zu sehen. Andererseits ergriff um diese Zeit den Benediktinerorden ein tiefgreifender Wandel, den man als „jesuitische Inspiration" der Konvente bezeichnen kann. Sie bedingte eine neue Frömmigkeit mit teils ungewohnten Elementen, insbesondere mit regelmäßigen geistlichen Übungen im Ablauf des Tages. Der Mönch sollte ein „neuer Mensch" sein und das frühere Leben nach Abschluß einer conversio gänzlich hinter sich lassen. Zum bedeutendsten Reformzentrum wurde die Jesuitenuniversität Dillingen. Bezeichnenderweise schickte die Mehrerau im selben Jahr 1594 zwei ihrer Konventualen, Michael Boner und Kaspar Günther, beide aus Bregenz, zum Studium nach Dillingen.

Die Maßnahmen. Die Visitation von 1594 ergab, daß sich die Verhältnisse weitgehend stabilisiert hatten. Benalli empfahl den Mehrerauer Benediktinern hinsichtlich des innerklösterlichen Lebens folgende Punkte zur Beachtung:

- Der Beichtvater der Mönche, dem sie alle zu beichten haben, soll ein ständig im Kloster lebender Konventuale sein. Die Kleriker beichten einmal in der Woche, ebenso die Novizen, außerdem, wenn sie das Sakrament der Eucharistie empfangen.
- Zum Unterricht der Jünglinge soll kein weltlicher Schulmeister herangezogen werden. Frater Jakob Lerchenmüller möge sich, sofern er kann, dieser Aufgabe unterziehen und die Obsorge über die Jünglinge haben.
- Die Novizen sollen an den Festtagen, ebenso mittwochs und freitags, zum „matutinum", dem Gebet gleich nach Mitternacht aufstehen das sich allerdings im Laufe der Zeit weiter gegen den Tagesanbruch verschob.
- Frauen dürfen, damit kein Skandal, ja nicht einmal ein Verdacht entsteht, auch nicht zur Krankenpflege in das Kloster eingelassen werden, doch möge die Mehrerau fleißige Pfleger haben, und der hochwürdige Abt soll dazu sehen, daß es den Kranken an nichts fehlt.
- An der Tafel soll jeder seine eigene Schüssel haben, die Lesung soll vom Beginn des Essens bis zu seinem Ende währen, außer am Tag der Erholung, also, gemäß des Entscheids des Abtes, am Dienstag oder Donnerstag.
- Der Prior soll das „capitulum cuparum" - das Schuldkapitel - für die Jüngeren mindestens einmal in der Woche halten, damit diese gezügelt und besser in der Pflicht gehalten werden.

- Novizen dürfen aus Gründen der Sittsamkeit und des Anstands nicht gemeinsam in einem Bett schlafen, genausowenig Novizen und Knaben.
- Den Novizen soll von demjenigen, der Obsorge über sie hat, öfters die Regel vorgelesen werden, damit sie diese befolgen wollen und können, wie sie es gelobt haben.
- Stillschweigen ist nach dem „completorium" sowie von der ersten bis zur dritten Stunde zu halten. Das „completorium" war stets vor Sonnenuntergang zu halten, die erste kanonische Stunde schloß sich an die Frühmesse an, ihr folgte die dritte kanonische Stunde.
- Fälle von Privateigentum sind dem Abt vorbehalten: Wenn jemand ohne Wissen des Prälaten Geld besitzt, kann er nur vom Prälaten oder mit dessen Erlaubnis die Absolution erhalten. Wer Briefe oder Geschenke von Frauen oder Nonnen (sic!) erhält oder gibt, kann gleichfalls nur vom Prälaten absolviert werden.
- Zu Hochzeiten und Gastmählern sollen die Brüder nicht geschickt werden, weder zu Verwandten noch zu anderen, denn es ziemt sich für Mönche nicht, an den Gastmählern und Unterhaltungen von Laien teilzunehmen.
- Am Mittwoch darf keinesfalls Fleisch gegessen werden.
- Nach den Mahlzeiten sollen die Mönche keine gemeinsamen Umtrünke in irgendwelchen geheizten Stuben abhalten, außer der Prior erlaubt es ausdrücklich.

Schwerwiegende Verfehlungen hatte die Visitation nicht ans Licht gebracht, sondern nur die mehr oder weniger üblichen Nachlässigkeiten und Abweichungen vom strengen Wortlaut der Benediktinerregel und der „Consuetudines". Was Benalli zu rügen fand, waren gewisse Mängel in der Ausbildung der Novizen, auf die man damals besonderen Wert legte, sowie ein zu wenig gründliches Bewahren der klösterlichen Welt vor den Einflüssen von außen. Vor allem galt es, Frauen und Laien - selbst als Krankenpflegerinnen und Lehrer - vom Kloster fernzuhalten. Dazu kam die strenge Einhaltung der Regel in Hinblick auf die Armut und das gemeinsame Leben. Zur Sicherung des Erreichten folgten im Jahr 1597 zwei weitere Visitationen.

Zucht bringt Blüte. Tatsächlich bewirkten die strengere Klosterzucht und die Ordnung der ökonomischem Verhältnisse seit den sechziger Jahren des 16. Jahrhunderts eine neuerliche Blüte der Mehrerau. Die Äbte Ulrich

Moez und Jakob Albrecht zeichneten sich als gute Wirtschafter, aber auch als Bauherren aus. Abt Caspar Metzler war in den Jahren 1564 bis 1568 Mitbegründer der schwäbischen Benediktinerkongregation unter dem Titel des hl. Josef, die insgesamt elf Abteien umfaßte, nämlich die Reichsklöster St. Georgen in Villingen, Isny, Ochsenhausen, Petershausen, Weingarten, Zwiefalten und die fünf Mediatabteien Marienberg im Vintschgau, St. Peter auf dem Schwarzwald, St. Trudpert, Wiblingen und die Mehrerau.

Der 1568 zum Nachfolger Metzlers gewählte Gebhard Raminger ist in die Mehrerauer Geschichte gar als zweiter Begründer des Klosters eingegangen. Er sorgte für eine hervorragende Bewirtschaftung des Klosterbesitzes, mehrte die Einkünfte und konnte die Schuldenlast tilgen. Auf seine Initiative hin wurde das Klostergebäude grundlegend erneuert, außerdem ließ er einen prächtigen Bibliothekssaal errichten. Daneben suchte er die Klosterdisziplin durch die Constitutiones monasticae zu sichern und sorgte für eine gute Ausbildung der jungen Konventualen. Die Bestrebungen der Visitatoren des ausgehenden 16. Jahrhunderts deckten sich mit denen des Klostervorstehers, sie fielen daher auf besonders fruchtbaren Boden.

Verschwiegene Präsenz
Frauen im Kloster
Karl Heinz Burmeister

„Die Frau soll sich stillschweigend in aller Unterordnung belehren lassen. Zu lehren gestatte ich der Frau nicht." Dieses Pauluswort war wohl keine gute Botschaft an die Zukunft, denn noch unsere heutige Gesellschaft leidet darunter. Dennoch ist die Anwesenheit von Frauen im Kloster so alt wie die Klöster selbst. Bereits Scholastika, die Schwester des Benedikt von Nursia, gründete den Orden der Benediktinerinnen. Scholastika wird in vielen Benediktinerklöstern, meist gemeinsam mit Benedikt, dargestellt. Berühmt ist die Darstellung der Szene ihres Todes, bei der eine Taube aus dem Mund der Gestorbenen in den Himmel fliegt. Schon zu Zeiten Kolumbans entschied sich in Bregenz die hl. Habarilia für ein Einsiedlerleben, ehe sie auf Drängen des Gallus das Gewand der Benediktinerinnen an sich nahm. Die Gebeine der hl. Habarilia wurden bei jedem Bau einer neuen Mehrerauer Klosterkirche übersetzt. Besorgte Mütter entnahmen dem Grab der Habarilia Erde, die sie in die Wiege ihrer kranken Kinder legten und später in Beuteln wieder am Grab der Heiligen niederlegten.

Das Kloster Mehrerau stand durch viele Jahrhunderte männlichen und weiblichen Insassen offen. Schon das Umfeld der Gründungsgeschichte im späten 11. Jahrhundert kennt drei Mitglieder der gräflichen Familie, die den Landesausbau an verschiedenen Orten im Bregenzerwald in die Hand genommen haben: Diedo in Andelsbuch, wo später das Kloster Mehrerau entstand, Merbod in Alberschwende und Ilga in Schwarzenberg.

Eine sehr deutliche Sprache spricht das Mehrerauer Jahrzeitbuch, das neben dem Abt, den Brüdern, den Mönchen und den Laienbrüdern auch Äbtissinnen, Schwestern, Nonnen und Laienschwestern, die „conversae", auflistet. Die Überlieferung nennt drei Klostervorsteherinnen mit Namen: Habarilia, dann eine Äbtissin Bertha und eine Äbtissin Judinta. Im Mittelalter haben dem Mehrerauer Konvent stets auch Schwestern angehört. So ist ausdrücklich die Rede von einer „Schwester unseres Konvents", „Gesila soror nostri conventus", von einer Udilgart „soror nostri conventus", von einer Mahtilt „soror nostri conventus". Bezeugt sind außerdem eine Anna monialis, eine Udilgart monialis und eine Lucia monialis. Schließlich ist auch noch eine Mahtilt „Laienschwester unseres Konventes" „conversa nostri conventus", überliefert.

Sehr häufig nahmen auch Witwen den Schleier, so etwa die Gräfin Adelheid von Oettingen. Ausdrücklich sahen die germanischen Ehescheidungsformeln vor, daß geschiedene Frauen entweder in ein Kloster eintreten oder sich wiederverheiraten konnten. Diese Praxis wurde erst mit der Einführung des kirchlichen Eherechtes aufgegeben. Manche Strafgesetze des Ancien Régime sahen die Einweisung in ein Kloster vor, etwa als Strafe für die Ehebrecherin oder für Verbannte.

Besonders herauszuheben sind die Inklusen, fromme Frauen, die sich – bis auf eine kleine Öffnung – einmauern ließen, nur wenig Nahrung zu sich nahmen und sich ganz der Askese widmeten. Zur Einschließung bedurfte es einer besonderen Genehmigung. Das Jahrzeitbuch nennt die Namen einiger Inklusen: Gertrut oder Kunsa. Diese Frauen wurden von vielen Wallfahrern besucht, nicht zuletzt deshalb, weil man ihnen nachsagte, in die Zukunft

Abb. 14:
Die Inklusin
Wiborada, 1451

blicken zu können. Durch die kleine Öffnung in der Mauer konnten die Inklusen ihren Besuchern gute Ratschläge erteilen, die deren Lebensführung im Hinblick auf das Heil im Jenseits betrafen. Einen besonderen Ruf als Inklusin gewann die hl. Wiborada von St. Gallen.

Szenen aus ihrem Leben sind im Codex 602 aus der Stiftsbibliothek St. Gallen dargestellt. Eindrücklich sagt die Inklusin Wiborada Ulrich, einem ehemaligen Klosterschüler, die Zukunft voraus. Der Blick des jungen Ulrich zielt in die Zukunft, eine Perspektive, die mit der Geste der rechten Hand betont wird. Wiborada weissagt sie ihm durch den Blick aus der Klause, begleitet durch die linke Handgeste. Die Übergabe der Botschaft spricht aus dem Zusammenspiel dieser Gesten aus der Klause in die „große" Zukunft weg in die Ferne. Diese Zukunft ist erfreulich und zugleich düster – Ulrich wird die Bischofswürde in Augsburg erhalten, zugleich mit den kommenden Drangsalen durch die Ungarneinfälle konfrontiert sein. Die Klause ist geschlossen an die Kirche des hl. Magnus angebaut.

Mit prophetischen Gaben ausgestattete Einsiedlerinnen sind auch in späterer Zeit noch anzutreffen. Während des Bauernkrieges 1525 machte die Wahrsagerin Wyprat Wüstin von Bürserberg von sich reden, die großen Zulauf hatte. Als sie den aufständischen Bauern den Sieg und den Herren die Niederlage prophezeite, ließ sie die Obrigkeit in Bludenz verhaften. Es wurde ihr auferlegt, sich künftig solcher Phantasien und Wahrsagereien zu enthalten, weil damit den Bauern der Rücken gestärkt würde. Schon in den Bauernaufständen des 15. Jahrhunderts waren solche Visionen, die u.a. eine kommunistische Weltordnung vorausgesagt haben, mehrfach bezeugt.

Die von Joseph Bergmann zusammengestellte Liste der weiblichen Klosterangehörigen ist sehr eindrucksvoll. Die Frauen waren ein fester Bestandteil des Klosters Mehrerau. Sie versorgten das Männerkloster mit Dienstleistungen und Gütern. Die geistliche Leitung des Frauenklosters lag beim Abt, doch regelten die Frauen unter eigenen Äbtissinnen selbständig ihre inneren Angelegenheiten. Seit dem 13. Jahrhundert kamen die Doppelklöster in Abgang, da jetzt genügend selbständige Frauenklöster zur Verfügung standen, wie Wald 1212, Kalchrain 1230, Feldbach 1234, Tänikon 1249, St. Peter in Bludenz 1286, Valduna 1388. Im Unterschied zu den Männerklöstern bevorzugten die Frauen mangels entsprechender Ausbildungsangebote die „deutsch zung", die deutsche Sprache (vgl. Leipold, S. 132-153).

Eine eigene Gruppe klösterlich lebender Frauen bildeten die Beginen: Jungfrauen oder Witwen, die sich - ohne ein Gelübde abzulegen - zu einem gemeinschaftlichen frommen Leben zusammenfanden, oft in der Nähe städtischer Spitäler oder von Leprosenhäusern, wo sie sich um die Krankenpflege bemühten.

Die Frauen wurden offiziell aus dem Kloster verbannt und durften die Klausur nicht mehr betreten. In den Zeiten des Niedergangs der Klosterzucht wurde diese Vorschrift nicht besonders ernst genommen. Nach dem Visitationsbericht von 1509 gingen Frauen im Kloster Mehrerau ein und aus, was auch aus anderen Vorarlberger Klöstern überliefert ist. So ließen etwa im Dominikanerinnenkloster St. Peter in Bludenz die Nonnen Männer in das Kloster ein. Viele Mönche und Weltpriester heirateten in dieser Zeit aus den Klöstern ausgetretene Nonnen. Der Vorarlberger Theologe Bartholomäus Bernhardi aus Schlins verfaßte eine vielbeachtete Streitschrift, in der er sich für die Priesterehe einsetzte.

Die größeren Klöster wie St. Gallen oder Kempten entfalteten seit dem Spätmittelalter ein höfisches Leben, in dem auch die weltliche Tanzmusik einen Platz hatte. Ein Beispiel bietet das Abtbrevier von Salem (1493/95), in dem wahrscheinlich eine Lautenspielerin die Gesellschaft des Abtes auf einer Fahrt auf dem Bodensee begleitet. Im illuminierten Graduale des Abtes von St. Gallen von 1562 figurieren zwei Musikanten, ein männlicher Harfenspieler und eine Vagantin mit einer Drehleier. Beide scheinen nicht so ganz ins Umfeld eines Graduales zu passen. Offenbar handelt es sich im ersten Fall um die Verweltlichung des Königs David, im zweiten Fall um eine verweltlichte Darstellung eines musizierenden Engels, wie er sonst in den Handschriftenillustrationen vielfach verbreitet ist. Noch überraschender ist das Auftauchen eines im Bodensee schwimmenden unbekleideten Mädchens in einem Brevier aus Schaffhausen um 1460. Es trifft also nicht so ganz zu, wenn man die Frauen in den monastischen Bildern nur in drei Rollen sehen will: als Heilige verehrt, als Verführerin verteufelt oder als Statistin geduldet; mancher geistliche Herr hatte vielleicht doch Sinn für die weibliche Schönheit. – Die Gegenreformation zog die Zügel wieder fester an, wie der Beitrag von Alois Niederstätter (S. 53–62) zeigt.

Eine aktive Rolle behielt das Kloster Mehrerau in der seelsorgerischen Betreuung der Frauenklöster. So wirkten die Benediktinermönche, wie heute die Zisterziensermönche, als Beichtväter in benachbarten Frauenklöstern. Auch führte das Kloster Mehrerau Visitationen in Frauenklöstern durch. So erhielt Mehrerau 1690 ein Privileg, das Bregenzer St. Annakloster nach Gutdünken zu visitieren, und für 1751 ist ein Visitationsbericht belegt. Den Briefwechsel, den der Mehrerauer Benediktinerprior Apronian Hueber mit Korrespondenten in ganz Europa führte, schloß auch Frauen mit ein, so die ebenfalls schreibfreudige Schwester Maria Crescentia aus dem Franziskanerinnenkloster Kaufbeuren.

Die Neuansiedlung der Wettinger Zisterzienser in der Mehrerau hat ein Gegenstück in der Zisterzienserinnenabtei Mariastern-Gwiggen. Nicht weniger als drei Zisterzienserinnenklöster, die ins 13. Jahrhundert zurückgehen und 1848 aufgehoben wurden, nämlich die im Thurgau gelegenen Klöster Kalchrain, Feldbach und Tänikon fanden hier 1856 bzw. 1869 Aufnahme und konnten in der Folge bis heute ein blühendes Klosterleben entfalten.

Von der Weltkirche zur Weltfirma

Im Jahre 1450 hätten wir einen der vorzüglichsten Philosophen seiner Zeit, Nikolaus Cusanus, auf einer Brücke, die zu Rom hinführt, antreffen können. Hier beobachtete und bewunderte er die ungeheure Kraft, mit der der Glaube so viele verschiedene Leute und Völker dem einen Ziel, Rom, zustreben ließ. „Nam cum ex universis paene climatis magna cum pressura inumerabiles populos transire conspiciam, admiror omnium fidem unam in tanta corporum diversitate." Diese Kraft geht zwar auf die Heilszeit zurück, scheint aber zeitübergreifend bis heute zu wirken. Über ein ähnliches Gefühl berichten die Augenzeugen, die den Mauerfall in Berlin erlebt haben. Unzählige Menschen strömten 1989 nach Westberlin, das seither zu einem neuen Zentrum für Großeuropa ausgebaut wird, einem Tempelwerk für den neuen Glauben an die freie Marktwirtschaft. Wenn man heute, zehn Jahre nach dem Mauerfall, die riesige Baustelle besucht, spürt man auf Schritt und Tritt die neue Kraft, die unsere Zukunft zu bestimmen scheint: „Ich werde sein, also baue ich."

Cusanus wäre zwar vom Inhalt des neuen Credos an den freien Markt nicht begeistert gewesen, hätte sich aber wahrscheinlich der Bewunderung über die Sogkraft des neuen Glaubens nicht entziehen können. Er hätte wohl darüber nachgedacht, wie es möglich ist, daß, nachdem die Weltkirche ihr Werk als „vollbracht" erklärte, so ungestüm eine Weltfirma entstehen und die Welterzählung als Firmengeschichte neu begonnen werden konnte.

Optimisten verfallen in den letzten Jahren in die Euphorie, daß die Entwicklung der globalen Gesellschaft den Menschen in allen Ländern die verlorene große Kraft zurückgeben wird. Mitglied der World Trade Organisation, der G8 zu werden, der Kerngruppe der EU anzugehören, an gemeinsamen Nato-Aktionen teilnehmen zu können - so lauten die Ziele. Andere weisen auf die dunklen Schatten hin, welche die Vision belasten. Tatsächlich ist die Welt für eine ‚schlanke' Firma zu groß. Die wichtigsten Teile der Welt sind nicht missioniert, sie stehen außerhalb der hypermodernen Systeme der Märkte und neuen Technologien. Und es rumort in ihnen: Afrika, große Teile Asiens, Südamerikas, des nahen Ostens und Osteuropas, Slums in Städten und Randregionen auf allen Kontinenten bilden Teile eines weltweiten Armenhauses.

Die Visitationen der Kommissionen der Weltfirma in den aufnahmewilligen Ländern sind in vollem Gang. EU-Verträglichkeitsprüfungen werden soeben in der ersten, der mitteleuropäischen Staatengruppe vorgenommen. Fast alle Nachbarn Österreichs sind Musterschüler. Das Controlling in der südosteuropäischen und in der osteuropäischen Gruppe muß noch warten. Der Sündenpfuhl aus der früheren Epoche, einer gescheiterten Utopie und Schreckensherrschaft, ist noch zu wenig abgebaut, um visioniert zu werden. Missionsstandorte aber sind überall aufgebaut und Filialen melden positive Bilanzen. Wird das jüngste, seit Anfang der 90er Jahre aufgeschlagene Kapitel der Weltgesellschaft einmal die Überschrift „una sancta economica" tragen?

Teil II
Soviel Bewegung braucht der Mensch

Die Beiträge in diesem Teil handeln zwar auch von großen
Sprüngen und Brüchen in der Vergangenheit. Sie lenken aber die
Aufmerksamkeit weg vom Strom des Geschehens und der großen
Ereignisse. Im Blickpunkt sind die Bewegungen des Menschen. Am
Anfang ist es die Arbeit am Boden, auf Äckern, Alpen und Wiesen,
die wir heute Landwirtschaft nennen. Sie hat in der Vergangenheit,
bis zur Industriellen Revolution, die große Mehrheit der Menschen
beschäftigt. Dabei hat sie die Hände, die Beine, den Körper trai-
niert und die Mentalität geprägt, im kleinen Dorf „am Hügel zu
kleben" und lieber dem vertrauten Schlendrian zu dienen, als
begeistert Neuerungen aufzunehmen, unten auf der Ebene zu sie-
deln. Innovationen in der Landwirtschaft Vorarlbergs haben sich,
obwohl man „zuwider" die Seidenraupen und Maulbeerbäume war,
in den letzten Jahren dennoch sprunghaft durchgesetzt (Elbs).

Bei Käsfahrten ging es nicht nur um den Käse, sondern um Werte,
die damals weit auseinander liegende Gebiete durch das Kloster
miteinander verbanden (Burmeister). Am Anfang der Integration
von Räumen stand langsame Bewegung. Bald erfuhren die
Menschen in der Region des Rheintals und Bodensees die Sprünge
von der natürlichen Bewegung des Bauern, der in der rätischen Zeit
noch die Ochsen ersetzte, zu den Pferden, zur Postkutsche und
Eisenbahn, zum Zeppelin, zu den Hochleistungsprojektilen der
Gegenwart – zu Land, zu Wasser und in der Luft. Die Erfahrung
dieser unterschiedlichen Bewegungen, Fahrten und Transporte veränderte die Wahrnehmung der dabei verflossenen Zeit (Klinkmann).

Der vierte Beitrag (Hartmann) befaßt sich mit dem Bild „De
gerechtigheid" des niederländischen Malers Pieter Brueghel d.Ä.
Brueghel veranschaulicht darin die Unruhe und Bewegung von
Stadtbewohnern, die von Prozessen und Hinrichtungen angezogen
werden. Als der Künstler das Bild malte, konnte er nicht wissen,
daß er für uns Zeitgenossen eine Art Stummfilm skizziert hat. Zwar
stehen alle Einzelheiten des Bildes still, wenn man sie aber genauer
betrachtet, verweisen sie wie in einem Film auf Geschehnisse, die
bewegen, auf Sensationen, die einander rufen.

„Zuwider, weil es etwas Neues sey"
Landwirtschaft zwischen Schlendrian und Seidenraupe
Jochen Elbs

„Und der Rhein ergießt sich in große Sümpfe und einen großen See" – schreibt der griechische Geograph Strabon im 1. Jahrhundert v. Chr. In diesem Gebiet liegt der wasserreiche Teil des heutigen Landes Vorarlberg. Ursprünglich bildeten nur die trockenen und fruchtbaren Flanken des Rhein- und Illtales einen Lebensraum, wo die Einwohner des Landes erträglich existieren konnten. Die Talmitte war versumpft. Im Wildland brachten nur die hochgelegenen Alpen Nutzen, während des Sommeraufenthalts mit den zwar kleinen, aber milchreichen Kühen, wie der römische Historiker Plinius d.Ä. (23-79 n. Chr.) berichtet. Die Räter bearbeiteten ihre meist steilen Äcker mit Hilfe ihrer kräftigen, im Stirnjoch angeschirrten Rinder und sinnreich verbesserter Pflüge. Plinius schreibt von Kühen, „die mit kleinstem Körper die längste Arbeit aushalten, da sie am Kopf und nicht am Nacken angeschirrt sind." Von harter Handarbeit berichtet er: „Und auf dem Menschen lastet soviel Arbeit, daß er sogar die Stelle des Ochsen vertritt, zumindest ackern die Bergvölker ohne dieses Tier mit Hacken." Einzig von einer vielversprechenden Innovation haben wir flüchtige Kunde. Eine Art Gründüngung kannten die Salasser, die 25 v. Chr. von den Römern ausgerottet wurden. Sie pflügten eroberte Äcker und ackerten dabei die wachsende Hirse ein. Dadurch wurde der Ertrag der neuen Aussaat vervielfacht.

Dennoch war der Ertrag ungenügend. Strabon berichtet ausdrücklich von einem Mangel an Nahrungsmitteln. Rätien war arm und übervölkert. Zeitweilig wurde von benachbarten Stämmen in der Ebene Korn und anderes eingetauscht. „Dafür gaben sie Harz, Pech, Kienholz, Wachs, Käse und Honig, denn davon hatten sie in Menge", berichtet Strabon. Allerdings wurde der Handel durch die Unwegsamkeit des Gebirgslandes und die Raubzüge der Räter selbst gestört. Diese frühen Raubzüge nahmen die Söldner-, Handwerker- und Saisonarbeiterzüge des Mittelalters und der Neuzeit vorweg; erstere waren jedoch um einiges grausamer. Sämtliche männliche Besiegte und alle Schwangeren, die nach Ansicht des Sehers Knaben gebären würden, wurden getötet.

In römischer Zeit erlebte der Ackerbau einen erheblichen Aufschwung. Im Neuland außerhalb der bestehenden Flur wurden große Gutshöfe, „villae rusticae", angelegt. Das alte Kulturland blieb den rätischen Bauern. Spuren römischer Quadratacker wurden hier nicht gefunden, also wurde das Ackerland wohl nicht konfisziert und an Kolonisten neu verteilt, wie in Nordtirol. Plinius berichtet von einer Verbesserung des Pfluges für flaches Land: „Unlängst hat man dem Pflug erfinderisch noch zwei Räder hinzugefügt. Diese Art nennen die Räter Ploum. „Weil der Schnee so lange die

Erde bedeckt", habe man einen – leider nicht mehr identifizierbaren – Weizen „erfunden, welcher von der Saatzeit an etwa im dritten Monat geschnitten wird. Diese Sorte ist überall in den Alpen bekannt, und kein Getreide wächst in diesen kalten Gegenden üppiger." Zur Zeit Neros (54-68 n.Chr.) lassen sich in Vorarlberg sieben Sorten Getreide in Funden nachweisen.

Der bedeutendste Wirtschaftszweig blieb die Viehzucht. Die Alpen wurden vergrößert. Die Kühe wurden wegen ihres Milchreichtums nach Italien zur Aufzucht der dortigen milcharmen Schläge verkauft. Bregenz wurde eine bedeutende Handelsmetropole. Neben Vieh und Produkten der Viehzucht wurden Bodenseefische in größerem Maß gehandelt. Plinius, der in Como lebte, lobt die hohe Qualität der Trüschenleber aus dem Bregenzersee. Der Weinbau hat seine Anfänge wohl nicht erst in römischer Zeit genommen. Er war schon bei den Kelten verbreitet. Allerdings gilt dies nur für die begünstigten Lagen des Alpenrheintales, was auch bei den Römern so blieb. Die Handelsstadt Bregenz konnte von überall her die besten Weine beziehen.

Nach der Völkerwanderung verbreitete sich die Dreifelderwirtschaft. Sie brachte enorme Ertragssteigerungen durch den gemeinsamen und zeitgleichen Anbau, die Brache und die gemeinschaftliche Nutzung der Allmenden. Die Ackerfläche eines Dorfes wurde in drei gleich große Zelgen aufgeteilt. Zwei Zelgen wurden mit Winter- bzw. Sommergetreide bestellt, während die dritte brach lag. Wildkräuter kamen auf, das Vieh weidete und kotete auf der Brachfläche. Im Juni – dem Brachmonat – pflügte man die Brache mit dem Pflug um und arbeitete so den angesammelten Dünger – Mist und Wildkräuter – in den Boden ein. Vor der Wintersaat im August oder September wurde nochmals gepflügt.

Fundus oder Urzelle. Wichtigste Voraussetzung für die Dreifelderwirtschaft waren Dorf- oder Markgemeinden. Rätische Urkunden des 9. Jahrhunderts bezeichnen das ganze korporativ geeinte Gemeindegebiet als „fundus". Darin enthalten sind die Wohnstätten, das Ackerland, Wälder, Weiden und Wasserrechte. Eine Urkunde vom 30. August 891 zählt für vier Markgenossenschaften im Rheingau auf: Felder und Ackerweide, „campis", Weiden, „pascuis", Wälder, „silvis", Holzschläge, „lignorumque succisionibus", Schweinemast mit anfallenden Bucheckern und Eicheln, „porcorum pastu", Wiesen, „pratis", Wege, Wässer, Wasserläufe, „aquarumque decursibus" und – später vom Adel geraubte – Fischereien, „piscationibus". In Berneck wird 892 die Nutzung des Riedes, „paludibus", genannt. Riedwiesen lieferten Einstreu für die Viehställe, also Dünger.

Der erste direkte Hinweis auf die Dreifelderwirtschaft findet sich in einer Urkunde vom 28. Januar 826. Lobo aus Rankweil verkauft einen Acker „mit dem Weg zu jener Zeit, da man zu demselben Acker ohne Schaden kommen kann." Der Acker war nur dann zugänglich, wenn die Zelge offen war, also von der Ernte bis zur Ansaat und während der Brache. Stand Getreide auf dem Feld, hatte der Besitzer kein Wegrecht zu seinem Acker. Im rätischen Urbar aus der Mitte des 9. Jahrhunderts wird dem Pfarrer von St. Peter in Rankweil „der gemeine Anteil in den Alpen" zugesprochen. Die Alpflächen wurden wie heute genossenschaftlich genutzt.

In der zweiten Hälfte des 11. Jahrhunderts erreichte die Besiedlung der bisher wenig genutzten Waldgebiete einen Höhepunkt. Der Bregenzerwald wurde das größte und einheitlichste Rodungsgebiet Vorarlbergs. Die Grafen von Bregenz errichteten Großhöfe mit Eigenbetrieb und verliehen Einzelhöfe an Siedler. Diese Huben waren erblich und entsprachen meist einer Waldhufe von 60 Juchart, rund 15 Hektar. Im damals noch milderen Klima konnte auf weiten Flächen Hafer angebaut werden, welcher der großen gräflichen Pferdehaltung diente. Schlachtvieh, Käse und Schmalz wurden auf den ausgedehnten Alpen der Großhöfe produziert. Die Walderblehen erbrachten einen Geldzins und als Todfall, Erbschaftssteuer, weiteres Vieh. An die gräflichen Eigenkirchen hatten sie als Zehnten Hafer, Vieh und Flachs abzuliefern. Der Flachs wurde wahrscheinlich auf den sich entwickelnden Märkten der Städte verkauft. Im Montafon wurden keine großen Meierhöfe und Eigenkirchen gegründet. Die Besiedlung brachte den Grafen vor allem durch das Bevölkerungswachstum Vorteile. St. Bartolomäberg war ein Bergbaugebiet mit Eisen-, Kupfer- und Silbervorkommen, das den Grafen Abgaben einbrachte und ebenfalls von der wachsenden Bevölkerung profitierte.

Regnerischer Norden – föhniger Süden. Die höchst unterschiedliche Landesnatur von Rätien und dem Bodenseegebiet begünstigte einen wirtschaftlichen Austausch. Die sonnig-trockenen, föhnigen Täler des Gebirgslandes bildeten zu den weiten, feuchten Hügelländern nördlich des Bodensees einen Gegensatz. Ihre landwirtschaftlichen Produkte ergänzten sich. Das Bodenseegebiet war reich an Getreide, Rätien an Wein und Vieh. Berthold von Zwiefalten, ein Chronist, stellte 1138 den wasserreichen Gefilden des Nordens den südlichen, heißen Boden Rätiens - „terram quippe australem et arentem" - als willkommene Ergänzung gegenüber. Er erwähnt besonders die Weinberge in Meienfeld und Fläsch. Bereits im rätischen Urbar von 842 ist der Wein als Exportprodukt in den Norden verzeichnet: Meienfeld mit 100 Fudern, gefolgt von Mels bei Sargans mit 20 und Balzers mit 10 Fudern. Die Gegend von Chur und das Vorarlberger Oberland werden genannt. Die Grundherren - Adel wie Klerus - waren stets am Erwerb rätischer Weingüter interessiert, sei es durch Erbschaft, Schenkung oder Kauf. Das Kloster Mehrerau erhielt 1097 die Pfarre Sargans mit ihrem Weinzehnt und einem Zehnt von 100 Laib Käse von Gräfin Bertha von Bregenz geschenkt. Herzog Welf übergab 1101 seine Zehnten in Feldkirch und Schiers ans Kloster Weingarten. 1122 sicherten sich die Brüder der Zelle in Hiltensweiler bei Tettnang die jährliche Lieferung eines Fuders (ca. 800 Liter Wein) aus Meienfeld durch ihr Stammkloster Allerheiligen in Schaffhausen. Zum Transport war ein sicherer Weg wichtig. So wählte das Kloster Zwiefalten den Welfen Welfhard zu seinem Vogt, und zwar aus Angst, er könnte sonst den Weintransport stören.

Hugo I. von Montfort († 1230) gilt als bedeutender Förderer des Weinbaus in Vorarlberg. Bei den Stadtgründungen von Feldkirch und Bregenz wurde jede Hofstatt zur Lieferung eines Fuders Mist jährlich verpflichtet. Belege finden sich für Feldkirch im Mistrodel von 1315, für Bregenz in einer Urkunde von 1392: „darzuo sullent sy ouch richten und geben hofstattzins, wachterlon und mist." Die Forderung solch großer Dungmengen läßt darauf schließen, daß neue Weingärten angelegt wurden. Der Ardetzenberg bei Feldkirch wurde zur Zeit der Stadtgründung (um 1190) gerodet und in den größten Weinbergkomplex Vorarlbergs verwandelt. 1379 besaßen die Montforter noch 13 Weinberge um Bregenz.

Berge triefender Süßigkeit. Alpen waren so beliebt wie Weinberge. Das Kloster Zwiefalten schätzte am Thüringerberg „einen angrenzenden Wald mit den besten Alpen, in denen die Berge triefen von Süßigkeit" viel mehr als die 30 mitgeschenkten Bauernhöfe. Der Schreiber spielt hier auf die biblischen Verse Joel und Amos' an. Käsezinse sind früh belegt. Vor 1092 erhielt Luitpold von Achalm bei Reutlingen 300 Alpkäse „von üblichem Wert" von seinen Alpen um Fläsch und Meienfeld. 40 Käse und ein Saumtier standen dem Kloster Salem von einem Gut in Oberfaz zu, 12 Käse aus Lantsch und 70 aus Davos. Das Kloster Mehrerau besaß nach dem Zinsrodel von 1290 „census in Romano", Zinse im Romanenland, die fast ausschließlich aus Käse bestanden. Aus Sargans, Schlins, Satteins, Altenstadt, Gisingen Nofels, Nuntlix, Dafins, Sulz, Weiler, Götzis, Altach und Ems kamen insgesamt 341 Käse. Vaduz lieferte 1340 auch die Sattelgurte zum Transport der Käse.

Durch das Rheintal floß einer der beiden Hauptverkehrsströme, die Italien über die Bündner Pässe mit den aufsteigenden Wirtschaftszentren

Südwestdeutschlands verbanden. Märkte entstanden. Von Fussach, das schon 1092 Ziel der Wagentransporte von Meienfeld und Fläsch sowie Umladestation für den Schiffsverkehr auf dem Bodensee war, wurde ein neuer Weg entlang des Rheins nach Süden ausgebaut. Neu war, daß dieser Weg mitten im Tal verlief. Die Brücke „pons Althabruggi" ist 1260 als wichtiger Grenzpunkt bekannt. Über den Handel mit Rindern und Schafen gibt es leider kaum frühe Nachrichten. Ein Vertrag zwischen Schams und Chiavenna von 1219 zeugt vom Viehhandel mit Italien. Vom Fernhandel profitierten Gastwirte, Schiffsleute am Bodensee und Rhein, Gewerbsleute und nicht zuletzt die Bauern entlang der Straße, die Zug- und Saumtiere hielten.

Abb. 15/16: Kuhstall, Kloster Mehrerau

Mehrerau – ein multiregionales Unternehmen. Das Kloster Mehrerau hatte weitläufigen Besitz, der erstmals in einer in Lyon ausgestellten Urkunde vom 17. September 1249 aufgezählt wird. In dieser Urkunde wurden dem Kloster seine Besitzrechte von Papst Innozenz IV. bestätigt, nachdem es 1248 von Anhängern König Konrads überfallen, geplündert und verbrannt worden war.
Mehr als 60 Orte aus Oberschwaben, dem Allgäu, aus Vorarlberg, Liechtenstein und der Schweiz werden in der Reihenfolge der Bedeutung für das Kloster genannt: Bregenz, Vorkloster, Schedlingen, Reute bei Bregenz, Lingenau, Andelsbuch, Alberschwende, Lauterach, Sargans, Niederstaufen, Primisweiler, Grünenbach, Röthenbach, Opfingen, Sigmaringendorf, im Bregenzerwald, Riefensberg, Klause bei Bregenz, Halden, Lochau, Kamerhof und Niederhof in Lauterach, Höchst, Staig, Diepoldsau, Altach, Sulz, Rankweil, Schlins, Vaduz, Dettingen bei Biberach, Bonlanden, Siggingen, Eisenharz, Ruschweiler bei Pfullendorf, Ebratshofen, Rieden, Kennelbach, Ach in Wolfurt, Wolfurt, Berg, Schwarzach, Knie bei Dornbirn, Haselstauden, Dornbirn, Fussach, Hard, Gaissbirn bei Bildstein, Fischbach, Halden, Rotach, Langenegg, Hittisau, Krumbach, Feld, Oberlangenegg, Sulzberg, Unterbezegg, Krähenberg, Heidegg, Bersbuch, Bühel, Buchen, Fahl, Hirschau, Bezau, Stangenach, Steinbuch, Ebratshofen, Tüfingen, Augiessen, Tellenmoos. Zuerst werden eigene Großbetriebe, dann Kirchen- und Zehntrechte, dann die einfachen Zinsbesitzungen und schließlich Mühlen und Fischrechte aufgezählt. Die Urkunde wurde notwendig, weil ältere Besitzverzeichnisse, und Zinsrodel wohl verbrannt waren.

Abb. 17: Mehrerauer Zinsrodel, um 1320

Erhalten geblieben sind die Mehrerauer Zinsrodel von 1290, 1300, 1320, 1340, 1408, 1430, 1458 und 1505. Auf fast zwei Meter langen Pergamentstreifen wurde akribisch notiert, was und wieviel jeder Zins- und Zehnt-

pflichtige an das Kloster abzuliefern hatte. Auffällig ist die Zweiteilung der Einnahmen in Geld- und Naturalzinsen. Während in den frühen Rodeln eine breite Palette von Produkten genannt wird, forderte das Rodel von 1505 fast ausschließlich Geld und Hühner. Diese waren dem Kloster wohl eher wegen ihres symbolischen Werts für die Leibeigenschaft wichtig denn als Naturalabgabe. 1320 bezog das Kloster 123 Malter Getreide, 114 Schweineschultern, 5 Schweine und 1800 Eier aus dem Allgäu; aus dem Illergau 90 Malter Getreide und 10 Schweine. Roggen, Hafer, Weizen, gegerbter und nichtentspelzter Dinkel und Hirse sind die aufgezählten Getreidearten. Daneben wurden Eier, Schweine, Hühner, Schweineschultern – als Fleischkonserve „Schäufele" – Käse, Schmalz und Heu abgeliefert. Ungewöhnliche Abgaben sind Eicheln zur Schweinemast aus Niederstaufen, die Hälfte der Nüsse aus Stiglingen und Pfeffer, den drei Güter 1340 zu liefern hatten. Geldabgaben und exotische Waren wie Pfeffer lassen auf einen funktionierenden Markt schließen, auf dem die eigenen Produkte verkauft werden konnten.

Die Weinbauern des Klosters in Rieden, Lauterach, Hard, Liebenstein und Schwarzach lieferten ein Drittel bis zur Hälfte des Weinertrages ab. „Werk", das heißt Flachs für die Textilproduktion des Klosters, wurde in „Kloben", Flachsbüscheln zu 12 Pfund, abgegeben. Naturalabgaben fielen auch später nicht ganz weg, wie Ransperg berichtet: Zu Abt Lukas Rumers Zeiten, um 1560, betrug „das Einkomen an Gelt 953 Pfund 2 Schilling 8 Pfenning, an Habergülten 234 Malter 7 Viertel, an Veesen 132 Malter 12 Viertel, an Halbteiler, Driteiler, Zehend- und Zinswein 38 Fueder, 1 Som 4 Viertel. An Erbis, d.h. Erbsen, 2 Malter, an Nussen 4 Viertel, an Schmaltz 57 Zolla, wiegt eine 8 Pfund, an Schuldtern 8, Pfeffer 1 Pfund, Gangfisch, d.h. Felchen, 700, an Werkh 16 Kloben, an Hiener 173, an Ayer 380."

Autarkie in Höhenlage. Im 14. und 15. Jahrhundert wuchs die Bevölkerung stark an. Der Ackerbau wurde nochmals ausgedehnt. Die Walser wanderten ein und produzierten trotz der Höhenlage ihrer Siedlungen möglichst viel eigenes Getreide. Das damals noch mildere Klima machte dies in allen Walsersiedlungen des Vorarlbergs und Liechtensteins möglich. Im Rheintal wurde der Anbau für den Markt forciert und dadurch der Weizen zum bevorzugten Getreide. Die Ackerfläche dehnte sich auf ehemalige Wiesen und Weiden aus. Auf Sämähdern baute man abwechselnd Getreide und Gras an. Trotz der Ausweitung des Ackerbaus war die Selbstversorgung mit Getreide nicht gewährleistet. Die Getreideimporte aus Schwaben nahmen zu. Dinkel, Veesen, entspelzt Kernen genannt, das dortige

Abb. 18: Lyoner Urkunde, 1249

Abb. 19: Karte der Mehrerauer Besitztümer, um 1249

⚲	Kirche
♩	Kapelle
🌀	Mühle
▲	Häuser in einem Ort oder dessen Gemeindegebiet
■	Grosshof
?	Patronatsrechte
♈	Weingärten
✦	Fischrechte
♠	Wälder
×	Zehnten
○	andere Besitztümer (z.B.: Gefälle)

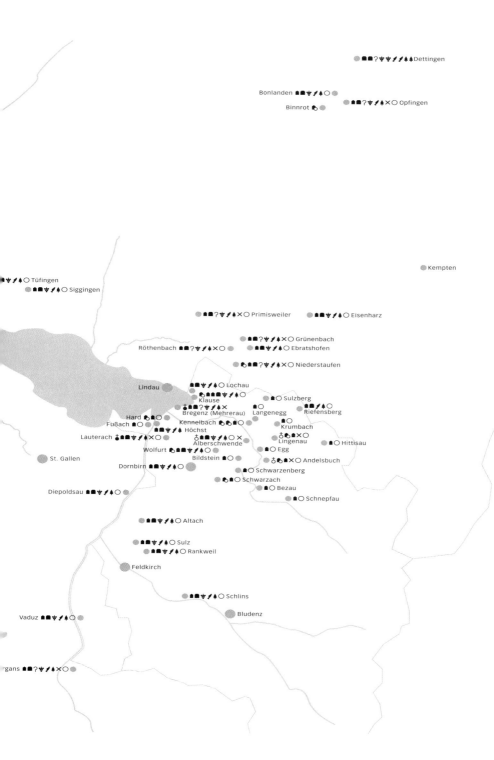

Hauptgetreide, blieb lange etwas Fremdes und wurde wenig angebaut. Produkte der Alpwirtschaft, Rinder und Schafe stellten den Gegenwert zu den Korneinfuhren. Der Bedarf an Schlachtvieh war in den kornausführenden Städten und Landschaften sehr groß. Durch Entwässerung des Riedes, „Eingraben", entstanden zahllose einmähdige Wiesen. Die Montafoner bewährten sich als Meister der künstlichen Bewässerung. „Wale" durchzogen die Wiesen und gaben Anlaß zu manchem Streit. So klagte am 20. März 1500 Peter Jordan, daß Tönzli ihm „das wasser uss dem rechten wal abgeschlagen oder abgraben."

Im Rheintalboden und Bregenzerwald verringerte der Flachsanbau die Getreideflächen. Die Ordnung der Konstanzer Garnfeilträger von 1533 lobt die Qualität des Flachses: „... kain lynwatgarn gut ist, dann das im Bregentzer wald, im Rintal oder in Thurgaw gewachsen ist." Spinnen war ein weitverbreiteter und auch ergiebiger Nebenerwerb. Anna und Dorothea Müllein aus Bregenz kauften 1342 einen Weinberg, „das geldt haben sie mit spinnen gewunnen.". Johann Georg Schleh schreibt 1616 vom Bregenzerwald, er ernähre sich „meistteils mit dem spinnen, darob sie den langen Winter zubringen." In den besten Gegenden wurden weiter Weinberge angelegt. In Bregenz, Rieden, Wolfurt, Schwarzach, Lauterach und Hard wuchs die Rebfläche durch Rodungen am Außenrand der Fluren und Einzäunungen im Acker- und Wiesland. So besaß 1379 Metzger Hagg den „Nüwen Weingarten", heute Lösler, an der Bregenzer Bergallmende. In Altstätten finden sich Weingärten anstelle früherer Äcker. Am Steinebach in Dornbirn entstand eine große Einzäunung voller Weingärten, die Bitze. Die Reben wurden gepflegt und auf Qualität geachtet: 1347 mußten Obstbäume gefällt werden, „die schädlich wärent den selben wingarten", und Johannes von Winterthur spricht von „glühenden Kohlen in Dornbirner Torkeln zur Zeit der Traubenernte".

Die Klimaverschlechterung des 16. Jahrhunderts ließ den Getreideanbau stark zurückgehen. In Hochlagen kam es mit der Aufgabe des Ackerbaus oft zur Entsiedelung. Da nur die Viehhaltung im Bergland steigenden Geldertrag erbrachte, stellten die Wirtschaftenden bewußt um und spezialisierten sich. Die Walser am Tannberg wurden berühmte Käser. Der Bedarf an Vieh, Schmalz und Käse stieg ständig. Ackerflächenmasse, wie Juchart, wurden von Flächenmassen der Viehwirtschaft, wie Kuhheuland, Winterfuhr oder Kuhwinterung, verdrängt. Rodung und Entwässerung erschlossen neue Alpweiden und Talwiesen. Allerdings bewirkte das schlechtere Klima auch, „das in allen Alpen dessto weniger Molckhens an Käss und Schmalz gemacht würdet", wie Hektor von Ramschwag 1579 berichtet. Die Zucht

 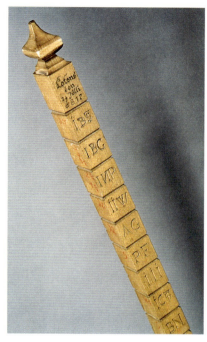

Abb. 20 a/b: Alpstab von Latons, 1817

schwerer Rinder im Montafon und der Export von Zuchtvieh nach Italien erreichten einen Höhepunkt, sodaß sich einheimische Metzger beschwerten, kein Schlachtvieh mehr zu bekommen.

Die Besitzerrechte wurden auf Alpstäben aufgezeichnet. Auf dem etwa 1,8 Meter langen Stab wurden auf der einen Seite die Hauszeichen, auf der anderen Seite die Kuhrechte der Besitzer verzeichnet.

Der Weinbau ging zurück, weil das Klima schlechter und die Ansprüche höher wurden. Die Bregenzer Bürger gaben zwischen 1574 und 1610 rund 15 Prozent ihrer Reben auf. Der „untere Wein" vom Bodensee, Tiroler und Veltliner waren – auch in ärmeren Schichten – beliebter als die einheimischen Kredenzen. Samuel Dilbaum faßt diese Ansicht in seinem „Weinbuechlin" 1584 zusammen: „Die Sehewein send unmilt und sawr, Ir acht kein Burger noch kein Bawr, Wo Er ein andern trincken kan, So sticht er diesen lang nit an. Doch schwöbet der Meerspurger ob, Den andern mit seinem lob."

„arbeitsamb" bis nachts. Holzschlägerei, Flösserei und Holzverarbeitung stießen in der Mitte des 16. Jahrhunderts an ihre obere Grenze. Die Übernutzung der Wälder verteuerte das Holz. Eichenholz bekam Seltenheitswert. Die Streitfälle um die Eichenwälder – und damit die Waldmast der Schweine – vermehrten sich drastisch. Als Gegenmaßnahme wurden Eichen gepflanzt. 1552 mußte jede Hofstatt in Bludesch-Thüringen acht Eichen pflanzen und 1650 nochmals drei. Wie in anderen Gemeinden wurden die Eichen bis zur Ertragsfähigkeit eingezäunt, gegen Verbiß geschützt und vorzeitig abgehende ersetzt. Bregenz verlor sein Monopol in der Holzverarbeitung. Ulrich Campell berichtet 1572 vom Bregenzerwald: „In jener Gegend wird eine beinahe unglaubliche Menge von Tonnen, Eimern und derartigen Holzgefäßen, ebenso eine ungeheure Masse von Brettern oder Latten, Schindeln, Rebpfählen und Rebstecken, auch von Balken zu jeder Art Zimmerarbeit pausenlos hergerichtet und verfertigt." Entsprechend stieg die Zahl der Sägen.

Nach dem Dreißigjährigen Krieg zeigten sich die Vorarlberger keineswegs entmutigt: „In Summa, es ist in disen Landen ein Volck von Art sonderbar tauglich und alles sowol die Weibspersonen ins gemein arbeitsam, wie sie dann den wenig fruchtbaren Boden so vielfaltig pflantzen, daß sie in großer Anzahl sich darbey wol auffenthalten können", heißt es in der „Topographia Sueviae", 1643. Die durch Erbteilung zerstückelten Höfe wurden im Hackbau oder Gemeindepflugbau bestellt, da die Betriebsgröße nicht mehr ausreiche, eigene Zugtiere zu halten. Man tat sich also zum Pflügen zusammen, wie 1640 in Schnifis: „nota man bawt hie alss mit 6 Pferdten". Oftmals konnte dabei der Feierabend nicht eingehalten werden, was Streitereien mit der Geistlichkeit bewirkte. Die Nenzinger gelobten 1768 um 6 Uhr Feierabend zu machen, ausgenommen „zue frühlingszeit der Pflueg belanget".

Privatisierung. Der Anbau von Mais steigerte den Flächenertrag wesentlich. Der sogenannte Türken kam aus Italien und wurde gegen Ende des Dreißigjährigen Krieges erst auf der linken Rheintalseite, dann in Dornbirn und ab ca. 1700 im ganzen Vorderland gesät. Da sich das neue Getreide mit seiner langen Reifezeit nicht in die Zelgenwirtschaft einfügen ließ, mußte zuerst die Ackerweide abgeschafft werden. Damit bröckelte die alte Ordnung des gemeinsamen Feldbaus, was schließlich zur völligen Freiheit auf dem eigenen Acker führte. Auch die Brachfelder wurden jetzt vielfältig bepflanzt. Genannt werden häufig Kohl und Flachs. Die Ablösung des gemeinsamen Feldbetriebs zog sich lange hin: Die Gemeinden Klaus, Röthis, Sulz, Weiler und Muntlix entschieden sich 1723 dafür, während Bludesch-Thüringen und Ludesch erst 1803 und 1814 als letzte folgten. Die großen Gemeindeteilungen, die Umwandlung der Allmenden in Privateigentum der Gemeindemitglieder waren noch heftiger umstritten. Stets stand die land- und vieharme Mehrheit der Bewohner, die sich eine Vergrößerung ihrer Anbauflächen versprach, gegen wenige Reiche, die mit ihrem vielen Vieh den größten Nutzen aus der extensiven Gemeindeweide zogen.

„Der empfindsame, für den Ackerbau eingenommene Wanderer kann kaum ob und unter der Frutzbrücke anbei reisen, ohne daß ihm die stauden- und heckenüberwachsenen Gemeinden eine mitleidige Träne über die vernachlässigte Kultur ablocken, besonders wenn er das eine Auge auf die nahen Berge, das andere aber auf die vernachlässigten Wüstungen wendet; dort sieht er, wie der arbeitsame Ackersmann mit seiner Hütte an einem Hügel klebet, wie er in den gähen (= steilen) Feldern doppelte Arbeit verwendet; hier überlegt er, wie eben dieser Ackersmann in der schönen fruchtbaren Ebene mit geringerer Arbeit mehrere Früchten erzielen könnte, da er indessen nach dem alten Schlendrian seine Haab (Herde) auf diese verwüstete Gemeinde auftreibe...", heißt es 1793 im - leicht schielenden - Gesuch der „35 Teiler" aus Rankweil. 1808 haben sie sich durchgesetzt. Die Vereinödung brach noch radikaler mit mittelalterlichen Traditionen. Nach Vorbildern aus dem Allgäu wurden in Nordvorarlberg ab 1750 Weiler aufgelöst und über die ganze Flur verteilte Einzelhöfe geschaffen. Die geschlossenen, unbehindert und selbständig wirtschaftenden Höfe stellten einen erheblichen Fortschritt dar.

Kartoffeln, Tabak, Maulbeerbäume. „Erdäpfel und Überstrümpfe" (Gamaschen) seien das Beste, was jemals aus Frankreich gekommen sei, bezeugt der Chronist Herburger aus Lingenau. Die Kartoffel - von Handwerksburschen aus dem Elsaß mitgebracht - verbreitete sich seit 1725 im armen und übervölkerten Vorarlberg. Erste größere Pflanzungen erfolgten auf verteiltem Gemeindeboden. Der vordere Bregenzerwald, der Walgau, Jagdberg und das Montafon wurden schnell zu Hauptanbaugebieten. Im Rheintal setzte sich der Kartoffelbau erst nach der Hungersnot 1770 durch. Arme aßen täglich Kartoffeln, im Walgau wurde das Jungvieh damit gefüttert. Die Eichelmast der Schweine wurde durch die Mast mit gedämpften Kartoffeln verdrängt. Eingeführte Baumwolle ersetzte den Flachs, so daß weitere Flächen für Kartoffeln frei wurden. Eine Fruchtwechselwirtschaft auf Daueräckern wurde im 19. Jahrhundert typisch für Vorarlberg. Getreide, Mais und Kartoffeln wechselten sich ohne Brache und begründetes System ab.

Eine weitere neuweltliche Nutzpflanze wurde 1740 in Feldkirch erwähnt: „hin und wieder wachsender Tabak". In Frastanz wurden 1768 „statt des

Grummets" über 1000 Zentner Tabak gerntet. Nach der Gerstenernte im Sommer pflanzte man Tabak aus statt Feldfutter zu säen. „Tabacco di Frastanza" war ein weit bekanntes Produkt, trotz Warnungen vor „der unflätigen Wollust und abscheulichen Begier, die jenes höllische Geräuchwerk erweckt".

Vom „Fundus" zur Käsereigenossenschaft. Der Merkantilismus strebte vollkommene Unabhängigkeit von ausländischen Produkten an. Zu diesem Zweck wurden – heute kurios anmutende – Anstrengungen, alle möglichen Tiere und Pflanzen überall zu „akklimatisieren", unternommen. Versuche, die Seidenraupenzucht in Vorarlberg einzuführen, scheiterten am Widerstand der Stände. Begründet wurde die Ablehnung, Maulbeerbäume anzupflanzen, mit „Rauhe der lufft und Bodens". Die Stände argumentierten, „daß wir bekanter dingen so unglükselig situiert sindt, und in einer solchen Gegendt leben worinn wegen näche der höchsten und wildesten felsen und bergen vast nur immer währender winther" sei. Auf den Einwand Wein und Nußbäume gediehen auch, wurde auf besonders häufige „nur zue wohlbekannthe Engerich (Engerlinge)" verwiesen. 1765 berichtete das Bregenzer Oberamt der Regierung: „daß ohngeachtet unserer öffteren animirung außer dem Gotteshaus Mererau niemande einigen Lust zu Pflanzung solcher Bäumen gezeiget." Das Kloster Mehrerau hatte also Maulbeerbäume gepflanzt. Wieviele es waren und ob es zur Produktion von Vorarlberger Seide kam, ist leider nicht bekannt.

Das 19. Jahrhundert wird mit der Industriellen Revolution gleichgesetzt, ohne zu bedenken, daß dieser eine „stürmische Vorwärtsentwicklung" der Landwirtschaft vorangegangen war. Seit etwa 1820 führten rationellere Anbaumethoden, durchdachte Fruchtwechselsysteme, gezielte Pflanzen- und Tierzucht, Düngerwirtschaft und verbesserte Geräte zu erheblichem Fortschritt. 1850 erbrachten Landwirtschaft, Forstwirtschaft und Fischerei noch 45 Prozent des Nettosozialprodukts. Bis 1890 überwog in Vorarlberg die in Land- und Fortstwirtschaft tätige Bevölkerung.

Franz Joseph Weizenegger liefert in seiner Landesbeschreibung von 1839 ein mit Verbesserungsvorschlägen gespicktes und von großem Optimismus geprägtes Bild der Landwirtschaft Vorarlbergs im frühen 19. Jahrhundert. Der wichtigste Erwerbszweig war demzufolge die Alpwirtschaft. Aus der Milch wurde Emmentaler und Lüneburger „Backsteinkäse" hergestellt. Mastvieh und Schweine wurden wenig gehalten, Schafe im Montafon gezüchtet. Die Wolle war aber von schlechter Qualität, weil keine Merinowidder eingekreuzt wurden. Seidenraupenzucht wurde von wenigen

Enthusiasten betrieben, aber im ganzen für nicht aussichtsreich beurteilt. Heu wurde noch vor dem Getreide genannt, denn „für den Alpenbewohner ist das, was er schlechthin Gras nennt, das Wichtigste." „Der Anbau von Halmfrüchten ist wirklich dürftig zu nennen" und bietet daher eine ganze Reihe von Verbesserungsansätzen. Diese reichen von Güterzusammenlegung, Gewässerverbauung, Änderungen im Erbrecht und Entwässerung bis zum Anbau von Roggen in Hochlagen. Positiv erwähnt wird die Ausfuhr von Dinkelsaatgut. Mais sättigt besser als Fleischspeisen. Zweierlei Sorten Kartoffeln mit roter oder weißer Schale wurden überall angebaut und in die Schweiz exportiert. „Viele Leute nähren sich blos von Grundbirnen, obwohl die Aerzte ihren häufigen Genuß nicht für zuträglich erklären; sie wecken früh den Geschlechtstrieb und stumpfen – vielleicht in Folge dessen – die Geisteskräfte ab."

Flachs wurde nur noch zum Hausgebrauch angepflanzt, Hanf an die Seiler verkauft oder gesponnen. Der Tabakanbau nahm seit der Einführung der staatlichen Tabakregie ab. Der Weinbau war durch die napoleonischen Kriege heruntergekommen, aber in Anbau und Kellertechnik bereits in Verbesserung begriffen. Obstbäume wurden gepflanzt und gepflegt, „denn Most und Branntwein sind für den Bauersmann Lieblinge, von welchen er sich durchaus nicht trennen will."

1838 schrieb Kreishauptmann Ebner: „Eine höchst geschätzte Halmfrucht in Lustenau und den Gemeinden Höchst und Fussach ist der Spelzweizen oder sogenannte Vesen. Diese hier besonders gut gedeihende Fruchtgattung wird als Samengetreide weit und breit im nahen Schwaben gesucht, und es werden dahin aus jenen Gemeinden jährlich als Samengetreide gegen 3000 Wiener Metzen (à 61,5 l) verkauft." Es wurde zum ersten Mal Getreide aus Vorarlberg ins Schwäbische exportiert. Mit Saatgut aus sogenannten Gesundlagen, wo bestimmte Schädlinge und Pflanzenkrankheiten nicht vorkommen, ließen sich Ertragsverluste durch dieselben stark vermindern.

Die mit Getreide bestellte Fläche ging von 2455 Hektar 1848 auf 1369 Hektar 1884 zurück, während die mit Kartoffeln und Mais bepflanzten Felder gleich groß blieben. Dies erklärt sich durch das Festhalten der Vorarlberger Industriearbeiter an der Landwirtschaft. Sie bauten im Hackbau Mais und Kartoffeln an, während der Gespann und Pflug erfordernde Getreidebau rasch abnahm. Die Ackerfläche halbierte sich von 1869 bis 1913.

Die Viehhaltung erlebte dagegen einen gewaltigen Aufschwung. Die Zahl der Schweine vervierfachte sich von 1837 bis 1910. Geflügel nahm ums

Doppelte zu, während die Schafhaltung um 80 Prozent zurückging. Die Rinderzucht nahm hauptsächlich qualitativ zu. Die Montafoner Rasse entwickelte und verbreitete sich. 1835 und 1844 wurden Zuchtstiere aus der Schweiz geholt.

Landgerichtsaktuar Gotthard Jörg irrte, als er am 17. Januar 1808 zur Haltung besserer Zuchtstiere schrieb: „Allein der bei weitem größere Theil des Volkes war immer zuwider, weil es etwas Neues sey." Das Preisdiktat der Käsefabrikanten und der Wille der Bauern zu eigener Produktion führten zu zahlreichen Genossenschaftsgründungen, früher als sonst in Österreich. 1867 entstand auf Anregung Franz Michael Felders die große Käsereigenossenschaft Bezau aus 24 Sennereigenossenschaften.

Eine bedeutende Innovation für die Vorarlberger Landwirtschaft war die Eröffnung der landwirtschaftlichen Fachschule Mehrerau-Bregenz am 4. November 1920. Damit war die Möglichkeit geschaffen, im Land Vorarlberg selbst landwirtschaftliche Fachkräfte in Theorie und Praxis zu schulen. Die Ausbildung ging über zwei Winterkurse von November bis März. Die Schüler waren im Kloster im Internat untergebracht. „Der Schüler soll soweit gebracht werden, daß er selbständig landwirtschaftlich denken und arbeiten lernt und so befähigt wird, einen bäuerlichen Betrieb erfolgreich zu führen", lauteten Zweck und Ziel der Schule, die im Kloster Mehrerau, der Keimzelle der Vorarlberger Landwirtschaft seit 900 Jahren, untergebracht war.

Käsfahrten: Sargans – Vaduz – Bregenz
Mehrerauer Einkünfte aus Liechtenstein
Karl Heinz Burmeister

Bereits vor der Mitte des 13. Jahrhunderts spannte sich das Netz der Besitztümer und Gefälle des Klosters Mehrerau auf das heutige Fürstentum Liechtenstein aus. Während mehrerer Jahrhunderte bezog das Kloster im Mittelalter Einkünfte aus Vaduz.

Die berühmte Papsturkunde von Innocenz IV. von 1249 erwähnt an zwei Stellen mehrerauische Besitzungen in Vaduz. So ist an einer Stelle die Rede von „Dem Einfang, den es an dem Orte, genannt Tutenbuoch, hat mit Ländereien, Besitzungen, Gefällen, Häusern, Wäldern, Fischenzen und allem Zubehör, Zur Klause, ..., zu Rankweil, zu Schlins, zu Vaduz, zu Sargans, ... ; dann die Häuser, Ländereien, Gefälle, Besitzungen, die das Kloster hat in den Dörfern und Städten ..., Schlins, Rankwail, Vadutz, Sargans,...". Leider sind diese Formulierungen, mit denen der Papst einen möglichst weitgehenden Schutz für die Güter des Klosters anordnen wollte, zu unbestimmt. Sie lassen im einzelnen offen, worin diese Besitzungen konkret bestanden haben.

Konkreter werden dann die Angaben in einem späteren Zinsrodel der Mehrerau von 1340. Wörtlich heißt es darin: „Das ist die Berechnung der Käsegülten: Vom Kirchenzehnten in Sargans 100 große Käse; von Vaduz 12 Wertkäse und sechs Pfennige für Gürtel, die man Darngürtel nennt; im Walgau in Schlins 20 Wertkäse, in Satteins 20 Wertkäse und fünf Viertel Hafer" („Hec est conputatio de redditibus caseorum. Item de decima ecclesie in Sant Gans 100 magni casei. Item de Vadutzze 12 casei in werd et 6 d. pro cingulis dictis darngürtil. Item in Walgöw in Schlins 20 cas. in werd. Item in Sant Ainse 20 cas. in werd et 5 quartalia avene"). Vaduz lieferte mithin 1340 12 Wertkäse; ein Wert hatte neun Pfund, das Pfund hatte einen Geldwert von sechs Pfennigen. Ein Wertkäse kostete demnach 4 Schilling. Im Gegensatz zu den großen Käserädern aus Sargans war die Abgabe aus Vaduz auf kleine Käse beschränkt.

Über den Käse hinaus schuldeten die Vaduzer ursprünglich auch einige Darngürtel. Diese Darngürtel, eigentlich wohl Dorngürtel, heißen so vermutlich nach dem Nagel („Dorn") einer Gürtelschnalle. Sie wurden beim Transport der Käselaibe auf den Saumtieren verwendet. Es handelt sich also um eine den Käsezins ergänzende Abgabe, die dem Transport diente. Vermutlich sind auch die in Satteins auf der Käsfahrt geschuldeten fünf Viertel Hafer für die Saumtiere bestimmt gewesen, so daß auch diese Abgabe eine ähnliche Funktion erfüllte.

Die Zinsrodel um 1290 und 1300 verzeichnen unter der Überschrift „Zinse im romanischen Gebiet" („Census in Romano") 80 Käse aus Sargans und 18 Käse aus Schlins, doch fehlt dagegen Vaduz. Daraus könnte man schließen, daß die Abgaben aus Vaduz jüngeren Datums, also wohl auch nicht mit den Einkünften von 1249 identisch waren. Doch ist hier Vorsicht geboten, denn die Zinsrodel sind keine Urbare, sondern aktuelle Einzugsregister. Es könnte also durchaus sein, daß die Abgabepflicht der 12 Käse aus Vaduz als solche bestand, aber 1290 und 1300 aus irgendwelchen Gründen die Einziehung unterblieb. Die späteren Zinsbücher zeigen, daß es vielfach üblich gewesen ist, in bestimmten Jahren Abgaben zu stunden.

Die in Vaduz geschuldeten Darngürtel wurden nicht in natura geschuldet, vielmehr war hier die Naturalabgabe in Geld abgelöst. Man kann sich diesen Vorgang etwa so vorstellen. Die Käsfahrt ging von Sargans nach Bregenz, startete also in Sargans. Von Sargans gingen 80, später sogar 100 Käselaibe auf den Weg nach Bregenz. Unterwegs nahmen die Säumer in Vaduz 12 kleinere Käse zu ihrer Fracht hinzu. Für die vermehrte Last sollten die Vaduzer die notwendige Zahl von Gürteln zur Verfügung stellen. Es wurde also zunächst eine Abgabe der Gürtel in natura geschuldet. In der Praxis scheint sich das aber nicht bewährt zu haben, da die Säumer in ausreichendem Maße mit Gürteln versehen waren. Es mag hinzugekommen sein, daß die relativ kleinen Vaduzer Käse ohne weiteres auf die Sarganser Lasten verteilt werden konnten. Das Kloster wandelte daher die Naturalabgabe in eine Geldabgabe um. Der Übergang von der Naturalwirtschaft zur Geldwirtschaft, zum längerfristigen Speichern von Werten, begann. Die erzeugten Produkte wurden ab jetzt für den Markt gespeichert, auf dem sie später in Geld umgesetzt wurden. Korn, Käse, Darngürtel wurden durch Geldtransfer ersetzt.

Der Käse war aber nicht nur für den Markt bestimmt. Infolge der Einschränkung des Fleischgenusses im Kloster war der Käse ein wichtiges Nahrungsmittel. So stellen die „Käsgülten im Oberlandt" auch noch in der mit dem Zinsbuch von 1585 einsetzenden Serie von Abgabeverzeichnissen einen bedeutenden Einnahmeposten der Mehrerau dar. Der jeweils auf Martini fällige, meist aber erst an St. Georg des folgenden Jahres abgerechnete Zins wurde von mehr oder weniger allen Orten der Herrschaft Feldkirch geschuldet, Sargans und Vaduz waren hingegen nicht mehr vertreten. 1603 bezog das Kloster 170 Wertkäse aus dem Oberland, wovon jedes Stück – wie im Mittelalter – einen Geldwert von 4 Schillingen darstellte. Unkosten wurden jeweils für das Einziehen der Käse abgerechnet, auch für die im Zusammenhang damit auszuteilenden Morgensuppen und Schlaftrünke. Anspruch auf je einen Wertkäse hatten auch der Pfarrer von Schlins, der Landammann von Rankweil und der Weibel von Sulz. Die Käsgülten behaupteten sich bis in die Zinsbücher des 18. Jahrhunderts, wurden aber mehr und mehr kapitalisiert.

Die Käsfahrten aus dem Oberland nach Bregenz blieben zwar bestehen, doch waren die südlichen Lieferorte Sargans und Vaduz nicht mehr eingebunden. Vermutlich sind diese Einkünfte bereits im ausgehenden Mittelalter abgekommen. Die politischen Verhältnisse hatten sich gewandelt. Solange in Sargans und Vaduz die von den Montfortern abstammenden Grafen von Werdenberg regierten, bestand zur Mehrerau als dem montfortischen Hauskloster und Erbbegräbnis eine enge Verbindung. Im ausgehenden Mittelalter war das nicht mehr der Fall, so daß sich die Käsfahrt auf die Strecke von Feldkirch nach Bregenz verkürzte.

Die Abgaben von 1249 und 1340 zeigen einen interessanten Zusammenhang. Es fällt auf, daß in der Urkunde von 1249 Gefälle für das Kloster erwähnt werden, die u.a. aus Schlins, Vaduz und Sargans geschuldet werden. Schlins, Vaduz und Sargans stehen in einer unmittelbaren Folge. Im Zinsrodel von 1340 finden wir die umgekehrte, geografisch einsichtige Reihenfolge: Sargans, Vaduz, Schlins. Weil es sich beim Zinsrodel um ein Einzugsregister handelt, ist es aus der Sicht des Einziehers angelegt, der seine Käsfahrt in Sargans beginnen lässt. Hingegen steht der päpstliche Schutzbrief von 1249 auf der Grundlage eines bis heute vermissten Urbars, das aus der Sicht des Klosters angelegt ist. Die dem Kloster näher gelegenen Orte sind

Abb. 21: Saumrosse im Walsertal

vor den entfernter liegenden Orten aufgeführt. Es ist demzufolge sehr wahrscheinlich, daß es sich 1249 um die gleichen – allenfalls in ihrem Umfang variierenden – Käsegülten wie im Zinsrodel von 1340 handelt.

Der Erwerbsgrund der als Zehnt ausgewiesenen Käsegülten für das Kloster und damit auch der Entstehungsgrund für die Käsfahrten von Sargans nach Bregenz ist bei den Grafen von Bregenz und ihren Nachfolgern, den Grafen von Montfort zu suchen, die damit ihr Hauskloster fördern wollten. Der Zehnt der Kirche von Sargans gehörte zu den Grundausstattungen des Klosters Mehrerau und war zwischen 1097 und 1128 von Bertha, der Witwe des Gründers Ulrich von Bregenz, dem Kloster gestiftet worden. Wahrscheinlich gehen auch die Käsegülten in Vaduz auf die Grafen zurück, die zugleich in Bregenz, Sargans und Vaduz regierten, ehe sich die Söhne Hugos II. in die Linien Montfort und Werdenberg aufspalteten.

„Arfaran"
Eine Erfahrungsgeschichte des Reisens
Claudia Klinkmann

Das deutsche Wort „Erfahrung" leitet sich aus dem althochdeutschen „arfaran" oder „irfaran" ab, was „fahren", „durchfahren" oder „wandern" bedeutet. Das Adjektiv „bewandert" meinte ursprünglich jemanden, der viel gereist war. Reisen ist ein Überschreiten von Grenzen in Raum und Zeit. Die sprachlichen Metaphern und Symbole spiegeln deshalb das Reisen als grundlegende Erfahrung. So wird das Leben als „Reise" gesehen und der Tod als „Dahinscheiden" bezeichnet. Zwei Wertungen sind mit dem Begriff verbunden. Auf der einen Seite verbindet sich mit Reisen die negative Vorstellung von Mühe, Leiden und Schicksal.

Eine Reise war Bewährungsprobe, ja Buße. Im Gilgamesch-Epos aus Mesopotamien um das Jahr 1900 v. Chr. bricht der junge König Gilgamesch auf, um Ruhm und Unsterblichkeit zu finden. Nach einer langen, entbehrungsreichen Reise kehrt er geläutert nach Hause zurück. Der griechische Held Odysseus und der mythische Stammvater der Römer, Aeneas, werden durch den Zorn eines Gottes gezwungen, jahrelang umherzuirren, bevor sie ihre alte Heimat wiederfinden oder eine neue Heimat begründen können. Kain wird, nachdem er seinen Bruder erschlagen hat, von Gott dazu verurteilt, auf Wanderschaft zu gehen: „Wenn du den Ackerboden bestellst, wird er dir keinen Ertrag mehr bringen. Rastlos und ruhelos wirst du auf der Erde sein." Der christlichen Pilgerfahrt liegt die Vorstellung der läuternden Wirkung der Reise zum Wallfahrtsort zugrunde. – Bis heute ist Reisen für viele eine unfreiwillige Erfahrung. Das Verlassen der gewohnten Umgebung und das Aufgeben sozialer Bindungen wird von Flüchtlingen oder Verbannten als Verlust der eigenen Identität oder als Gefühl erfahren, in der Umgebung am Rande zu stehen.

Auf der anderen Seite wird das Weggehen und Reisen als Chance begriffen. Zu Anfang des 19. Jahrhunderts besangen die Dichter der deutschen Romantik die Sehnsucht nach der Ferne, den Wunsch aufzubrechen: „Wem Gott will rechte Gunst erweisen, Den schickt er in die weite Welt", beginnt das bekannte Gedicht von Eichendorff. In unseren Breitengraden hat die positive Bedeutung des Reisens gesiegt. Heutige Touristen werten das „Verreisen" als Ausbruch aus der beengend empfundenen alltäglichen Umgebung. Durch Reisen hält man das Verfließen der Zeit auf, indem man der Routine oder der Hektik entflieht. Beide töten Zeit, indem sie langweilen oder Streß verursachen.

Vielfältige Gründe haben Menschen im Laufe der Jahrhunderte zum Reisen bewegt. Im Mittelalter reisten von ihrem Gefolge begleitete Kaiser, Fürsten und geistliche Würdenträger, um ihre Verwaltungsgeschäfte zu erledigen. Junge Ritter brachen auf zur Erweiterung ihrer Kenntnisse, zur

Ausübung des „Kriegshandwerks", um Ruhm und Glück zu suchen und nahmen z.B. an einem Kreuzzug ins Heilige Land teil. Handwerker reisten von Auftrag zu Auftrag, so z.B. berühmte Vorarlberger Stukkateur-Familien wie die Moosbrugger, die am Bau von Kirchen oder Fürstenresidenzen beteiligt waren. Im Durchschnitt drei Jahre gingen Handwerksburschen auf die Walz, um das eigene Können zu perfektionieren und fremde Werkstätten kennenzulernen, bevor sie die Meisterprüfung ablegten. Auch die Kaufleute legten weite Strecken zurück, um ihre Waren zu verkaufen oder einzukaufen. Ebenfalls zu den Reisenden gehörten die fahrenden Studenten, die an den Universitäten Europas ihre Studien absolvierten. Reisende besonderer Art waren Gaukler, Bettler oder Soldaten.

In der Renaissance und in der Weltzeit war man bestrebt, die Erde systematisch zu erkunden. Es wurden Forschungsreisen unternommen, oft durch politische und wirtschaftliche Interessen angeregt. Vom 16. bis etwa zur Mitte des 18. Jahrhunderts war es für junge Adlige und Patrizier üblich, Bildungsreisen an andere Höfe zu unternehmen, um durch den Vergleich mit anderen Verhältnissen Informationen und Anregungen für die zukünftige Regierungstätigkeit zu sammeln. Diese Reisen erwiesen sich aber de facto nicht selten als Vergnügungstouren. Ziele deutscher Adliger waren z.B. London, Paris, Wien, Holland, Belgien und Italien oder auch Spanien

Abb. 22: Kutschenszene aus der Biedermeierzeit

und St. Petersburg. Beeinflußt durch die Ideen der Aufklärung, brach im 18. Jahrhundert auch das Bürgertum auf. Reisen sollten dem Erkenntnisgewinn, der Einübung von Toleranz und Verständnis, der Bildung des Herzens und des Verstandes dienen. Reisen im eigenen Land hatten den Zweck, die Vaterlandsliebe zu fördern, außerdem konnte man so die sozialen und wirtschaftlichen Verhältnisse beobachten. Die Kutschenfahrt des Helden von Nikolai Gogol verband sich mit dem Handel mit toten Seelen; sie wurde Geschäftsfahrt.

Anfang des 19. Jahrhunderts kam als neuer Reisezweck das Erleben der Natur hinzu. Das Wandern zu Fuß wurde Mode. Man wollte die Landschaft auf eine unmittelbarere Weise erleben. Die Bewegung im Raum war in diesem Fall nicht mehr Mittel zum Zweck, sondern wurde selbst zum Zweck. Die Alpen wurden bewundert und besungen. Die Maler stellten das Hochgebirge in ihren Bildern dar.

Die Eisenbahn verursachte eine Revolution im Verkehrswesen und schuf die Voraussetzung für die Entwicklung des touristischen Gefühls, zur Erholung, Abwechslung und zum Vergnügen wegzureisen. 1841 organisierte Thomas Cook in England erstmals eine Reise für 570 Personen in einem Sonderzug, 1854 gründete Karl Riedesel in Berlin das erste Reisebüro auf deutschem Boden. Die Erfindung des Automobils Ende des 19. Jahrhunderts und jene des Flugzeugs Anfang des 20. Jahrhunderts führten zu einem weiteren „Quantensprung" in der Beschleunigung des Reisetempos und zu einer starken Zunahme der Reisenden. Dies verbilligte die Reiseangebote. Die meisten Touristen können es sich nicht leisten, monatelang unterwegs zu sein. Das Wichtigste ist, möglichst schnell an das ersehnte Ziel und wieder nach Hause zu gelangen.

Zu Fuß zum Heil. Das Zeitempfinden der christlichen Mönche war durch den Glauben bestimmt. Der hl. Gallus machte sich zusammen mit Hiltibod, dem Diakon der Arboner Gemeinde, mit Gottesvertrauen auf den Weg in die Wildnis, wo viele gefährliche Tiere wie Wölfe und Bären hausten. Nach etwas mehr als neun Stunden müssen sie an das Flüßchen Steinach gelangt sein, das heute in St. Gallen hinter der ehemaligen Klosterkirche den Berg hinunterfließt. „Nachdem es dann Morgen geworden war, machten sie sich betend auf den Weg. Nach Verlauf von neun Tagstunden erkundete sich der Diakon, ob sich der Mann Gottes verpflegen wolle, erhielt aber den Bescheid, er werde nichts genießen, bevor ihm nicht durch Christi Gnade ein Ort zum Verbleiben gezeigt werde. Deshalb setzte man die schon ermüdeten Glieder weiterhin in Bewegung und gelangte schließlich an ein Flüßchen namens Steinach (Petrosa)." Aus der Lebensgeschichte des hl. Gallus geht hervor, daß Kolumban und seine Gefährten weite Teile Mitteleuropas von Irland bis nach Italien durchwandert haben. Sie folgten nicht einem Zeitplan, sondern waren geleitet vom Bestreben, möglichst viele Menschen für den christlichen Glauben zu gewinnen.

Zu Fuß zum Brot. Jahrhundertelang war eine Reise „auf Schusters Rappen" für die Mehrheit der Menschen, die sich weder ein Pferd noch eine Fahrt mit dem Wagen leisten konnten, die einzige Art, von einem Ort zum anderen zu kommen. Trotz der Eisenbahn gingen bis in die neuere Zeit jene, denen eine Fahrkarte zu teuer war, weiterhin zu Fuß. Noch bis zu Beginn des 20. Jahrhunderts machten sich Anfang März Kinder aus armen Familien Vorarlbergs und Tirols auf den Weg in Richtung Schweiz, Bayern und Baden, um dort bis in den Herbst als Mägde und Hirten zu arbeiten. Diese Kinder, zwischen 7 und 15 Jahre alt, wurden „Schwabengänger" genannt. Einige Kinder aus dem Oberinntal nahmen den Weg über den Arlberg. Eine Vorstellung von den Mühen einer solchen Reise gibt die Schilderung von Franz Kurz, der als Zwölfjähriger mit einer von einer alten Frau geführten Gruppe von Kindern im Spätherbst 1858 auf dem Heimweg nach Tirol über den Arlberg wanderte. Über die Strecke von Klösterle nach Stuben, die er allein mit der Mutter eines anderen Knaben zurücklegte, schreibt er: „Bei eisigem Nordwinde und heftigem Schneewehen ging es Stuben zu. Der Schnee wurde stets tiefer und kaum vermochte ich meiner Führerin zu folgen. Vergeblich blickte ich nach meiner Begleiterin um, welche geglaubt, ich sei wegen des Sturmes nach Klösterle zurückgekehrt, und den Weg fortgesetzt hatte. Weinend und mit dem Sturme ringend, setzte ich den Weg nach Stuben fort. Wiederholt wurde ich vom Sturme, der immer zunahm, in den Schnee geworfen. Mich fror entsetzlich, besonders an der rechten Hand, die den Stock hielt. Ich wechselte und wollte sie in den Hosensack stecken, allein es ging nicht, Finger und Hand waren starr gefroren. Ich wurde schläfrig, meine Kräfte schwanden, als ich oberhalb der Straße eine Kapelle erblickte, in der ich Schutz und Wärme suchen wollte. Ich stieg den Rain hinan, sank aber erschöpft in den Schnee und der Todesschlummer umfing mich. Männerstimmen schlugen an mein Ohr, ich erwachte durch unsanftes Ziehen, Schütteln und Zerren an Händen und Füßen. Von Bregenz kommende Soldaten waren meine Lebensretter geworden."

Nicht ein Fahrplan, sondern der Rhythmus der Jahreszeiten legte den Zeitpunkt der Hin- und Rückwanderung der Schwabengänger fest. Die

Wanderer mußten sich gegen die Widrigkeiten des Wetters durchsetzen. Sie vertrauten sich übernatürlicher Hilfe an, in diesem Fall dem Nothelfer Christophorus, Beschützer der Reisenden.

„Trekkerstolz". Im Dezember 1801 brach in Grimma bei Leipzig ein anderer Wanderer zu einer langen Fußreise bis nach Syrakus in Sizilien auf. Es handelte sich um Johann Gottfried Seume (1763-1810), Sohn eines sächsischen Bauern, fünf Jahre unfreiwilliger Soldat in hessischen und preußischen Diensten, Privatlehrer und Verlagslektor. Er begann seine Reise mit einem Gebet: „...ich setzte mich oben Sankt Georgens großem Lindwurm gegenüber und betete mein Reisegebet, daß der Himmel mir geben möchte billige, freundliche Wirte und höfliche Torschreiber von Leipzig bis Syrakus, und zurück auf dem andern Wege wieder in mein Land;…" In diesen Worten schwingen vergnüglichere Töne und freudigere Erwartungen an die Reise mit als in den Schilderungen der Schwabengänger oder des Hl. Gallus. Die Reise von Seume war eine freiwillig unternommene Wanderung zur Erkundung fremder Länder. In seiner Reisebeschreibung finden sich Angaben über die Dauer eines Fußmarsches. Von Wien aus ging Seume nach Schottwien und dann über den Semmeringpaß nach Graz. Am 10. Januar 1802 verließ er Wien um neun Uhr morgens, am 14. Januar erreichte er mittags Graz. Bergauf ging er fünf Meilen pro Tag, abwärts gehend legte er sieben Meilen zurück, wobei eine deutsche Meile etwa 7,5 Kilometern entsprach. Aufschlußreiche Zeitangaben finden sich in der Beschreibung des von Johann Gottfried Seume im Juni 1802 unternommenen Rückwegs von Mailand über den Gotthard nach Zürich. Von Mailand aus erreichte Seume Airolo am Südfuß des Gotthardpasses nach zwei Tagesmärschen. Von dort zog er am gleichen Tag nach Flüelen am Vierwaldstättersee und durchquerte eine von der Reuss überschwemmte Gegend, dabei mußte er bis zum Gürtel im Wasser waten. In einem Tag wurden so 55 Kilometer mit 1000 Meter Anstieg zum Paß und etwa 1500 Metern Abstieg erschritten. Mit der Eisenbahn legt man die Strecke von Airolo nach Flüelen heute in 44 Minuten mit Halt an verschiedenen Stationen zurück.

Erkundungen mit der Kutsche. Trotz der Verbesserung der Reisebedingungen durch den Ausbau der Postkutschen-Verbindungen bestanden je nach Land große Unterschiede. Die englischen Postkutschen waren bekannt für den schnellen, effizienten Service, während die deutschen Kutschen einen schlechten Ruf hatten. Der Göttinger Physikprofessor und Schriftsteller Georg Christian Lichtenberg verspottete die Langsamkeit und Unbequemlichkeit deutscher Postkutschen:

„(...) wenn ein Mädchen mit ihrem Liebhaber aus London des Abends durchgeht, so kann sie in Frankreich sein, ehe der Vater aufwacht, oder in Schottland, ehe er mit seinen Verwandten zum Schluß kommt; (...) Hingegen in Deutschland, wenn auch der Vater den Verlust seiner Tochter erst den dritten Tag gewahr würde, (...) so kann er sie zu Pferde immer noch auf der dritten Station wieder kriegen."

Der aus St. Gallen stammende Benediktinermönch Pater Johann Nepomuk Hauntinger unternahm im Sommer 1784 zusammen mit dem späteren letzten Abt des Klosters St. Gallen, Pater Pankraz Vorster, eine Reise nach Neresheim in die Abtei auf dem Härtsfeld, wohin sie ihren Mitbruder Pater Beda Pracher begleiteten. Über diese Reise verfaßte Hauntinger ein Tagebuch. Hauntinger war in St. Gallen 1780-1823 Stiftsbibliothekar und brachte während der Wirren zur Zeit des Einmarsches der Franzosen in die Schweiz 1798 die wertvolle Bibliothek zuerst ins Kloster Mehrerau, dann nach St. Mang in Füssen, anschließend in den Bregenzerwald und nach Imst in Tirol. Betrachten wir einen Abschnitt ihrer Reise. Am 19. Juli verließen sie um 4 Uhr morgens das Kloster Ochsenhausen. Nach einem kurzen Halt in Buxheim und einer halbstündigen Rast in Memmingen, um die Pferde ein wenig ausruhen zu lassen, ging es weiter. Um 10.30 Uhr erreichten sie das Kloster Ottobeuren. Neben großen Bibliotheken, interessanten Naturalienkabinetten, prächtig ausgeschmückten Kirchen, schönen Gemäldesammlungen und mehr oder weniger üppigen Landwirtschaftsbetrieben erwähnt Hauntinger auch bemerkenswerte Uhren, die ihm beispielsweise in Ottobeuren auffallen. Er erweist sich als Bewunderer der Weltzeit, die auch in der Abgeschiedenheit der Klöster durch Uhren zelebriert wurde. Selbst einen Hinweis auf Verkehrsmittel der Zukunft findet Hauntinger: „Der Herr P. Ulrich, Professor der Philosophie und zugleich Großkeller (zwei wunderliche Gegenstände in einem Subjekt vereinigt), hat sich mit dem glücklichen Versuch aerostatischer Maschinen (die ersten, welche den schwäbischen Luftraum betraten) einigen Namen gemacht."

Von Ottobeuren brachen die drei Reisenden um 3 Uhr morgens des 20. Juli nach München zum „stärksten Marsch" der ganzen Reise auf. In Buchloe wurde zum Wechsel der Pferde eine halbe Stunde gehalten. In dieser Zeit besichtigten die drei Mönche die dortigen Gefängnisgebäude und hinterließen ein „ansehnliches Almosen". Die zwischen Landsberg und München alle Viertelstunden gesetzten Steine mit Zeitangaben, wie lange die Reise bis München noch dauern würde, läßt ersichtlich werden, daß „meilensteinerne" Fahrpläne in jenen Jahren schon wichtig waren. Bei Sonnenuntergang gelangten sie schließlich nach München. Die Reise muß etwa 18 Stunden gedauert haben.

Abb. 23: Eilpostwagen, 1824

Regelmäßige Kutschenverbindungen kamen in Deutschland Ende des 17. Jahrhunderts auf. Anfang des 18. Jahrhunderts wurde das Netz der Verbindungen dichter. Man fuhr mit einer Geschwindigkeit von vier Stundenkilometern auf schlechten Straßen und von acht Kilometern pro Stunde bei guten Verhältnissen. Während längerer Aufenthalte verpflegten sich Postillione, Kondukteure und Passagiere in Wirtshäusern.

Einem Postfahrplan von 1846 kann man entnehmen, daß zwischen St. Gallen und Feldkirch täglich zwei Kutschen verkehrten. Eine fuhr um 17.15 Uhr in St. Gallen ab und erreichte um 22.30 Uhr Feldkirch. Die andere startete um 4 Uhr morgens in Feldkirch und gelangte um 9.30 Uhr nach St. Gallen, wobei die Fahrt über Speicher, Trogen, Altstätten und Oberriet führte. Jeweils am Sonntag und am Donnerstag fuhr um 7.30 Uhr eine Kutsche von St. Gallen nach Bregenz, wo sie um 13.30 Uhr eintraf. Wegen der zu überwindenden Steigung benötigte die Kutsche, die um 9 Uhr morgens Bregenz verließ und St. Gallen um 17.45 Uhr erreichte, eine Tagesreise.

Vernetzte Pferde. Einen Einblick in die Schwierigkeiten einer Alpenüberquerung zu Pferd gibt uns das 1626 erschienene „Newes Itinerarium Italiae" von Joseph Furttenbach. Mit 16 Jahren im Rahmen seiner Ausbildung als Kaufmann nach Italien geschickt, schrieb er alles auf, was ihm interessant oder nützlich erschien. Das „Itinerarium" wurde zu seiner Zeit fast zu einer Art Reisehandbuch. Am Anfang der Reisebeschreibung findet sich eine Tabelle mit Angaben der Distanzen. Von Lindau bis Mailand gibt Furttenbach 63,5 Stunden oder 5,5 Tage an, wobei der Weg über Chur und den Splügenpaß an den Comer See und von dort weiter nach Mailand führte. Die Reisenden vertrauten sich einem der vier Boten an, die von den Behörden der Stadt Mailand und der Stadt Lindau bestimmt wurden, um den Briefwechsel und den Personenverkehr zwischen den beiden Städten aufrechtzuerhalten. Die Familie Weiss aus Fussach hatte u.a. über Generationen dieses Amt inne. Jede Woche ritt ein Bote von Lindau nach Mailand und umgekehrt. Die Boten kümmerten sich gegen Entlöhnung um die Verpflegung und die Pferde der Reisenden. Dieser Botenverkehr ist der Beginn einer Zeitplanung im Reiseverkehr, die sich seit der Zunahme des Handels zwischen Süddeutschland und Italien im 16. Jahrhundert aufdrängte. Die Kaufleute wollten über den Verbleib ihrer Waren informiert sein.

Der Warentransport wurde genau organisiert. Die Strecke zwischen dem Bodensee und Chur war in mehrere Teilstücke gegliedert. Die Fuhrleute, Wagen und Gespanne wurden in Balzers, Schaan, Feldkirch, Blatten und Rheineck gewechselt. Der Verkehr war bis Ende des 18. Jahrhunderts rodmäßig organisiert, d.h. die Waren wurden von einheimischen Fuhrleuten auf einer bestimmten Strecke transportiert und dann anderen, ebenfalls einheimischen Fuhrleuten anvertraut. Auch die Bodenseeschiffahrt war rodmäßig organisiert. Genaue Rodordnungen legten den Ablauf der Transporte fest.

Laut der Beschreibung Furttenbachs fuhren die Reisenden per Schiff in zwei Stunden von Lindau nach Fussach. Von Feldkirch, dem ersten Nachtlager, ritt man etwa 9,5 Stunden lang nach Chur. Hier mußten Waren von den Wagen auf Saumrosse umgeladen werden. Am nächsten Morgen ging es weiter nach Thusis, wo man am Mittag eintraf. Dort begann der erste schwierige Aufstieg zum Dorf Splügen, das erst in der Nacht erreicht wurde. Furttenbach rät dem Reisenden, vom Pferd abzusteigen und spitze Stöcke sowie Eisenbeschläge für die Schuhe bereitzuhalten. Von Splügen mußte man noch vor Tagesanbruch wieder abreisen, da bei Sonnenschein Lawinengefahr bestand. Sechs Männer gingen voraus, um den Schnee wegzuschaufeln, der Weg wurde aber immer wieder von Schneeverwehungen bedeckt. Hohe Stangen zeigten in gewissen Abständen den Weg an, um ein lebensgefährliches Einbrechen im tiefen Schnee zu verhindern. Zur Sicherheit wurden jedoch zusätzlich Einheimische beauftragt, vorauszugehen, um den Weg mit einem Stock abzutasten. Die Pferde folgten alle dem ersten Pferd. Manchmal konnten Pferde, die in tiefe Löcher eingebrochen waren, nicht mehr gerettet werden. Die Reiter mußten sich selbst in Sicherheit bringen. Der Südabhang des Passes war so steil, daß die Reiter absteigen und die Pferde alleine hinuntergehen laßen mußten. Kam ein Saumrosszug entgegen, den man von weitem am Klang der Schellen hörte, mußte man die Pferde auf die Seite ziehen, da nicht zwei Pferde aneinander vorbeigehen konnten. Nach fünf Stunden Abstieg, der anscheinend oft auch länger dauern konnte, gelangte man nach Campodolcino im Veltlin. Nach weiteren fünf Stunden erreichten die Reisenden den Comer See. Dort wurden Personen, Pferde und Güter auf Schiffe umgeladen. Wenn kein „widerwertiger Wind" blies, erreichte man Como in zwanzig Stunden. Nach weiteren sieben Stunden Reise traf man dann in Mailand ein. Heute gelangt man in sieben Stunden mit der Eisenbahn von Lindau nach Mailand. Zur Zeit der Saumrosszüge war das nächste zu erreichende Nachtlager das Tagesziel.

Widrige Luft. Einblick in eine Fahrt über den Bodensee, mit dem für diese Gegend typischen, flachen, einmastigen Segelschiff, der Lädine, gibt die Stellungnahme von einigen Fussacher Schiffsleuten, die 1786 einen Streit mit den Vertretern der Lindauer Kaufmannschaft austrugen. Die Fussacher waren von dem zuständigen Lindauer Amt verwarnt worden, da sie, gegen

Abb. 24: Lädinen vor Arbon, 1835

den Rat erfahrener Schiffer und des die Ausfahrt aus dem Lindauer Hafen regelnden Portaufsehers, bei stürmischem Wetter mit einer wertvollen Ladung hinausgefahren sein sollten. Die Vorsehung habe sie nicht untergehen lassen, ihre Frechheit müsse aber geahndet werden, schrieben „Präses und Assessores des Commercien-Rathes" der Stadt Lindau am 12. August 1786 an ihre Vorarlberger Nachbarn. Die Fussacher Schiffer stellten den Vorfall auf ihre Weise dar. Bei aufkommendem Wind seien sie ein Stück weit gefahren. Als der Wind stärker wurde, hätten sie die Warnung des Luckenmannes, d.h. des Portaufsehers, beachtet und seien hinter den schützenden Damm des Lindauer Hafens zurückgekehrt. Um die Mittagszeit sei die Witterung so günstig gewesen, daß niemand ihnen von einer Weiterfahrt abgeraten habe. Sie hätten die Segel bis über die Hälfte des Mastes hinaus hissen können. Erst bei einem „Rohrgrunde" habe sie eine „widrige Luft" überrascht. Sie hätten jedoch nur eine Viertelstunde lang das Segel drei Schuhe niedriger führen müssen. Viel stärkerer Wind sei bei einer Fahrt am 29. August auf der Höhe von Göhlingen, wieder beim gleichen Schilfgebiet, aufgekommen. An jenem Tag hätten sie bis Fussach mit niedrigem Segel fahren müssen und seien trotzdem angekommen. In einem 1753 ausgesprochenen Urteil des zuständigen Vogteiamtes in Vorarlberg wurde anscheinend festgehalten, daß vom 1. Mai bis Ende September Fussach um sechs Uhr abends erreicht werden mußte, im Dezember und Januar um drei Uhr, sonst um vier Uhr. Wie Josef Furttenbach in seiner Reisebeschreibung festgehalten hat, dauerte die Reise von Lindau nach Fussach mit dem Segelschiff ohne starke Gegenwinde etwa zwei Stunden.

Über die Unbillen einer Reise über das Mittelmeer mit dem Segelschiff erzählt Felix Faber, ein aus Zürich stammender Dominikaner, der in Ulm Prediger war. 1480 und 1483 unternahm er Pilgerfahrten nach Jerusalem. Er beschrieb seine Reise von 1483 in einem umfangreichen lateinischen Bericht, den er „Evagatorium" nannte und der für seine Ordensbrüder bestimmt war. Für ein nicht gelehrtes, d.h. des Lateinischen unkundiges Publikum schrieb Faber noch eine stark gekürzte deutsche Version seines Berichts. 1556 wurde diese deutsche Fassung erstmals als Druck in Ulm veröffentlicht. 1557 kam schon die zweite Ausgabe heraus. Faber machte sich nicht alleine auf den Weg nach Jerusalem. Er war der Kaplan von vier „wohlgeborenen Edelherren" und ihrer Diener. Am 7. April 1483 ritten alle zusammen von Innsbruck nach Sterzing. Am 27. April trafen sie in Venedig ein und stiegen in der Herberge „Zu St. Georg" oder „Zu der Flöte" ab. Sechs Wochen mußten sie warten, bis die Besitzer und gleichzeitig Kapitäne der Galeeren entschieden, abzureisen. Nach erfolgter

Beichte gelangten die Pilger am 30. Mai mit kleineren Schiffen auf die Galeere. Bis zur eigentlichen Abfahrt vergingen noch einmal zwei Tage. Am 2. Juni verließ dann die Galeere endlich die Küste vor Venedig, nachdem noch weitere Pilger eingestiegen waren. Die Fahrt verlief keineswegs ohne Unterbrechungen. Je nach Windverhältnissen kam das Schiff schnell voran, wurde in eine unerwünschte Richtung getrieben oder lag bei Flaute auf dem Wasser, sodaß die Schiffsbesatzung es rudernd antreiben mußte. „Am zweiten Tag des Juni, als es um sechs war, da hat uns der Wind in zwei Stunden so hoch und weit auf das Meer gezogen, daß wir weder Berg noch Hügel, weder Feld noch Wald sehen konnten, sondern nur in allen Richtungen Wasser. Nach Mittag erschien uns auf der linken Seite das Land Histria, das ist das Land Istrien, mit seinen Hügeln und Bergen. Da wandten wir uns hin und wollten nach Parentz [Porec], in den Hafen fahren. Aber der Wind versperrte uns den Weg, so daß wir uns von dem Gebirge ab und auf das weite Meer wenden mußten.(....) In einer Nacht kam ein so großes Unwetter mit Blitz und Donner und Schlagregen, daß wir fürchteten, das Schiff würde untergehen. Und bei dem starken Gießregen schlug das Wasser bis in unsere Kajüte hinab." Nach verschiedenen Zwischenhalten, so in Kreta, erreichte die Galeere am 21. Juni die Insel Rhodos. Am Vorabend des St. Johannes-Tages gab es an Bord Musik und Tanz. Am 25. Juni trafen die Pilger in Zypern ein. Am 29. Juni fuhren sie weiter und landeten am 1. Juli in Jaffa an der Küste Palästinas. Die Schiffsreise hatte einen Monat gedauert.

Mühlenschiffe. 1807 fuhr das erste vom Amerikaner Robert Fulton gebaute Dampfschiff von Greenwich bei Manhattan nordwärts nach Albany. In zwei Tagen legte es 240 Kilometer zurück. 1816 fuhr das englische Dampfboot „Defiance" den Rhein hinauf bis Köln. 1824 erreichte das holländische Schiff „De Zeeuw" trotz stärkerer Strömung Mainz. Der Kunsthistoriker und -sammler Sulpice Boisserée, der an Bord war, schrieb über seine Reise von Köln nach Mainz: „...Als wir in die große Kajüte kamen, fanden wir eine zahlreiche Gesellschaft an der Mittagstafel. Es war wirklich wie Zauberei, als wir uns auf einmal so in die fremdeste Gesellschaft versetzt fanden, die in der elegantesten Umgebung sich auf alle Weise gütlich tat, während das Geräusch der Räder uns erinnerte, daß wir durch eine Maschinerie die Wellen bekämpften, daß wir uns in einer Art schwimmender Mühle befanden (...) Unsere Fahrt glich einem Triumphzug; es war ein wahrer Freudenzug, überall kamen die Einwohner, jung und alt ans Ufer und staunten das wunderbar einherrauschende Mühlenschiff an, welches bei einer der größten Überschwemmungen, wo kein Schiff mit Pferden gezogen werden kann, seinen Weg durch die mächtigen Wasserwogen ruhig fortsetzte."

Aber auch eine Dampfschiff-Fahrt auf dem Meer war nicht immer eine bequeme Reise. Eingesetzt wurden kleine Schiffe, auf denen die Passagiere den Wellengang unangenehm spürten und Opfer der Seekrankheit wurden. Die Dampfschiffe verdrängten die Segelschiffe nur allmählich. In der Frachtfahrt wurden noch bis Ende des 19. Jahrhunderts Segelschiffe verwendet. 1835 hatte der Engländer Brunel junior die „Great Western" gebaut, den damals größten Dampfer. Mit einer Maschine von 500 Pferdestärken und erstmals von einer Propellerschraube angetrieben, fuhr dieses Schiff in 16 Tagen von Bristol nach New York. Mit dem Segelschiff konnte der Atlantik in nicht weniger als sechs bis zehn Wochen überquert werden. Zur Verpflegung an Bord mit Fleisch und Milch wurden lebende Tiere mitgeführt.

Nach einem ersten fehlgeschlagenen Versuch, 1818 auf dem Bodensee ein Dampfboot in Betrieb zu setzen, nahm 1824 der regelmäßige, ganzjährige Schiffsverkehr Friedrichshafen-Rorschach-Friedrichshafen mit dem Dampfschiff „Wilhelm" seinen Betrieb auf. Es war 30,6 Meter lang,

Abb. 25: Friedrichshafen mit Dampfschiff „Wilhelm", 1824-48

5,37 Meter breit und konnte 124 Personen mitnehmen, außerdem 400 Zentner Fracht und 400 Zentner Holz für die Heizung des Kessels. Erst 1857 wurde auf Kohlebetrieb umgestellt, als dank der Eisenbahn billigere Kohle erhältlich wurde. 1876 wurde der Schiffsgüterverkehr nach Fussach eingestellt, da er nicht mehr rentierte. Dies war das Ende der jahrhundertelangen Tradition von Fussach als Umschlagplatz für Waren, die über den See transportiert wurden. 1883 wurde im Zusammenhang mit dem Bau der Arlberg-Bahn mit dem Ausbau des Bregenzer Hafens begonnen. 1910 wurde die „Stadt Bregenz", das größte Bodensee-Personendampfschiff, in Betrieb genommen; es konnte 1000 Personen befördern. 1925 wurde das erste Dieselmotorschiff für den Untersee in Betrieb genommen. In den 50er Jahren fanden die neu eingeführten Rundfahrten Anklang.

Dampf, Schiene und Gerade. An der Wende vom 18. zum 19. Jahrhundert konnte sich der Landverkehr dank der beweglichen Hochdruck-Dampfmaschine von den Schranken der Pferdekraft befreien. Die Zeit der starken, aber nicht unermüdlichen Pferde ging allmählich zu Ende. Die regelmäßig und berechenbar arbeitenden Maschinen hielten Einzug. Die Zeit der Geraden, der durch die Landschaft gezogenen Schienenstrecken war angebrochen. Verbauungen wurden angelegt. Die ersten Eisenbahnen fuhren noch mit Geschwindigkeiten zwischen 20 und 40 Stundenkilometern, ab Mitte der 1860er Jahre erreichten sie bereits 80-90 Stundenkilometer. In der Literatur des frühen 19. Jahrhunderts wurde die Erhöhung der Geschwindigkeit als „Vernichtung von Raum und Zeit" empfunden. Das überlieferte Bewußtsein und Empfinden von Zeit im Raum wurde erschüttert.

Die Gegner waren beunruhigt über die hohe Geschwindigkeit und empfanden die das Fahrzeug antreibenden Kräfte als fremd, während man sich in die Pferde noch einfühlen konnte. Eisenbahngegner verglichen Zugreisende mit der Selbständigkeit beraubten Paketen. Der Eisenbahnreisende empfand die Fahrt durch Tunnels und Strecken mit tiefen Einschnitten als eine Art Geisterfahrt, abgehoben von der vertrauten Landschaft. Zusätzlich verfremdet wurde das Fahrerlebnis durch die Telegraphenmasten, die entlang der Schienen standen. Viele befürchteten negative Auswirkungen der vorbeifahrenden Züge auf die an den Eisenbahnlinien gelegenen Kornfelder und das grasende Vieh.

Die Anhänger der Eisenbahn feierten die neuen Maschinen, die Begradigung und Beschleunigung im Blick auf den erleichterten Welthandel und die Entwicklung der Siedlungen. Die Zunahme der Geschwindigkeit ver-

Abb. 26: Eröffnung der Eisenbahn Nürnberg – Fürth, 1835

größerte den Raum, in dem sich die Menschen in einer bestimmten Zeit bewegen konnten. So entstanden zuerst in England allmählich Vorstädte, wo die Menschen wohnten, ohne dort zu arbeiten. Das zu erreichende Ziel wurde wichtiger als die Reise, da diese sich so verkürzte, daß sie nicht mehr als wesentlich empfunden wurde. Die durchquerten Landschaften wurden zur Kulisse.

Standardisierte Zeit. Verschiedene Ortschaften waren jetzt so schnell erreichbar, daß jeder dieser Orte nicht mehr wie bis anhin seine eigene Uhrzeit beibehalten konnte. Der Eisenbahnverkehr verlangte die Koordination von Ankunfts- und Abfahrtszeiten. Die Vereinheitlichung der Lokalzeiten wurde von den einzelnen Bahngesellschaften zuerst entlang ihrer jeweiligen Linie durchgesetzt. Im nächsten Schritt wurde die Vereinheitlichung auf das ganze Eisenbahnnetz eines Landes ausgedehnt, blieb aber vorerst reine „Fahrplanzeit". Durch eine Zunahme der vorhandenen Eisenbahnstrecken gegen Ende des 19. Jahrhunderts gerieten die noch gültigen Lokalzeiten immer mehr in Bedrängnis. 1880 wurde in England die bis dahin für alle Eisenbahnlinien gültige Greenwich-Zeit als nationale Standardzeit eingeführt. 1884 wurde die Welt auf einer internationalen

Konferenz in Zeitzonen eingeteilt. 1893 führte das Deutsche Reich die entsprechende Zonenzeit als Standardzeit ein. 1894 paßte sich auch die Schweiz der neuen Zonenzeit an.

Die große Anzahl wechselnder Eindrücke, die auf den aus dem Fenster blickenden Passagier zueilten, belasteten die ersten Eisenbahnreisenden. Die flüchtige Wahrnehmung der rasch vorbeihuschenden Landschaft wurde sogar als medizinisches Problem gesehen, als eine Überbeanspruchung der Augen und des Gehirns. Es gab aber auch andere Stimmen. Diese sahen in den neuen Reise-Eindrücken die zauberhafte Entstehung phantastischer Landschaften. Viele Reisende, die sich den neuen Eindrücken nicht anpassen konnten, empfanden Bahnfahrten als langweilig und flüchteten in den Schlaf oder in die Lektüre, die zu einer beliebten Tätigkeit während der Eisenbahnreise wurde. Man beklagte auch, daß mit den im Abteil Mitreisenden kein Gespräch entstand, da jeder nur sein Ziel im Kopf habe und ein dauernder Wechsel der Mitreisenden stattfinde. Diese Stimmung ist auf der modernen Bahnreise nachvollziehbar geblieben: "Die, welche eine lange Tour machen, denken begreiflicher Weise nur an ihre Bequemlichkeit, suchen sich wo möglich ein leeres Coupé und reserviren die Plätze gegenüber, so lange das gehen will, durch Anhäufen von Nachtsäcken, Mänteln und dergleichen;... Leute dagegen, welche nur die Kleinigkeit von zehn oder zwanzig Meilen mit uns durch die Welt dahin sausen, existiren eigentlich gar nicht, man sieht sie ohne alles Interesse einsteigen und wieder verschwinden", schrieb Friedrich Hackländer 1860.

Abb. 27: Reisen in der 3. Klasse, 2. Hälfte 19. Jh.

Abb. 28: Innenansicht eines Abteils im Orientexpreß, 2. H. 19. Jh.

Sensation Auto. Als Geburtsstunde des Automobils wird der 1886 erfolgte Bau eines dreirädrigen Wagens mit Viertakt-Benzinmotor durch Karl Benz in Mannheim angesehen. Die weite Verbreitung des Fahrrads zeigte, daß ein Interesse an Fahrzeugen ohne Pferde durchaus vorhanden war. Das Fahrrad wurde gerade in den 1880er Jahren durch das neue Modell des „Safety-Bicycle" (Sicherheitsfahrrad) mit zwei gleich großen Rädern zum Volksvergnügen. Schon 1910 erreichten Autos Geschwindigkeiten von 50-60 Stundenkilometern. Die schweren Autoreifen verursachten auf den noch unasphaltierten Straßen zahlreiche Schlaglöcher, die Straßen mußten laufend mit Schotter aufgefüllt werden. Die Staubentwicklung war bei trockenem Wetter beträchtlich, hinter jedem Wagen bildete sich eine Staubwolke. Über die Zustände auf österreichischen Straßen urteilte ein Oberbaurat aus Wien: „Die sie befahren müssen, sind Märtyrer, die an ihnen wohnen müssen, sind die Gemarterten."

Ein Wettrennen Paris-Wien führte 1902 auch über Vorarlberger Straßen. Am 26. Juni 1902 fuhren 205 Fahrzeuge in Paris los. Die 1432 Kilometer lange Strecke wurde in vier Etappen gefahren: Paris-Belfort (408 km), Belfort-Bregenz (312 km), Bregenz-Salzburg (369 km), Salzburg-Wien (343 km). 90-100 Autos kamen in Bregenz an. Das erste Auto im Lande Vorarlberg hatte 1893 der Marinemaler Zardetti gekauft. 1898 erwarb Antoine Dufour aus Thal das erste Automobil der Ostschweiz. Als bekannt wurde, daß das Fahrzeug mit der Eisenbahn in Rheineck ankommen würde, versammelte sich eine Menschenmenge am Bahnhof. Pferde halfen beim Entladen des Automobils. Zuerst füllte man wegen eines Mißverständnisses Petrol in den Tank. Das Fahrzeug rührte sich nicht vom Fleck. Erst als ein Basler Mechaniker nach drei Tagen endlich Benzin verwendete, konnte es losgehen. Ein Bauer, dessen Pferd vor dem neuen pferdelosen Wagen scheute, meinte dazu nur: „Mein Pferd hat richtig überlegt, was würden Sie dazu sagen, wenn Ihnen plötzlich ein Paar leere Hosen auf der Straße begegnen würde?"

1895-1908 kam es zu einem ersten Automobilboom. Vorerst spielte Frankreich noch eine führende Rolle. Schon ab 1908 entwickelte sich aber in den Vereinigten Staaten ein neues Zentrum der Automobilproduktion. 1907 gab es in den Vereinigten Staaten 143 200 Wagen (1 Auto auf 608 Einwohner), in Großbritannien 63 500 (1 Auto auf 640 Einwohner), in Frankreich 40 000 Wagen (1 Auto auf 981 Einwohner) und in Deutschland 16 214 (1 Auto auf 3824 Einwohner).

Trotz anfänglicher Neugier und Bewunderung für das neue Verkehrsmittel zeigte sich bald Ablehnung bei Behörden und Bevölkerung. Die

Automobilisten und ihre Fahrzeuge wurden mit Steinen beworfen oder ungerechtfertigt als Unfallverursacher angeklagt. Die Fahrzeughalter wurden registriert, man erhob Steuern, legte Geschwindigkeitsbegrenzungen und Fahrverbote fest.

Straßenbau. 1916 bewilligte der amerikanische Kongreß erstmals finanzielle Zuschüsse zur Verbesserung der ländlichen Straßen. 1924 wurde in Italien die erste Autobahnstrecke eröffnet. Im gleichen Jahr führte das Land Vorarlberg die Kraftwagensteuer zur Finanzierung der Straßenerhaltung ein. 1925-1928 wurde die Walgaubundesstraße mit einer Ölschicht versehen, die der Staubentwicklung entgegenwirken sollte. Ein großzügiger Ausbau dieser Bundesstraße mit Begradigungen auf verschiedenen Strecken erfolgte in den 30er Jahren. Seit dem 2. Weltkrieg wurde Straßenplanung durch die steigende Anzahl Automobile immer wichtiger. Durch die Autos wurde die Siedlungsform verändert, es entstanden neue Wohnorte außerhalb der Städte, die nur mit dem Auto erreicht werden konnten. Der Sonntagsausflug mit dem Auto gewann an Beliebtheit. Die Verbreitung des Autos förderte den Tourismus wie nie zuvor.

Paradoxe Folgen der Verbreitung des Automobils wurden trotz der hohen Anzahl Toter bei Verkehrsunfällen kaum oder nur ganz langsam bewußt. Bis heute reagieren viele mit Achselzucken auf diese Tatsachen. Obwohl unsere Autos bis zu 250 Kilometer pro Stunde erreichen könnten, lassen sie sich oft nur noch mit 50 bis 80 Stundenkilometern ausfahren. Die Luftverschmutzung wird akzeptiert. Die große Sensation des Autos war und ist das Freiheitsgefühl für jedermann, schnell, ohne Rücksicht auf Fahrpläne und vorgeschriebene Routen wegzufahren, selbst dann, wenn die Tour im Stau endet.

Höhenflüge. Am 21. November 1783 gelang den Brüdern Joseph Michel und Jacques Etienne Montgolfier in Paris die erste bemannte Ballonfahrt. Vorbild aller späteren Heißluftballone wurde aber nicht ihre „Montgolfiere", sondern der Wasserstoffballon von Professor Jacques Alexandre César Charles, der sich am 1. Dezember 1783 ebenfalls in Paris in die Lüfte erhob. Seine erste Fahrt dauerte vier Stunden. Der Professor hatte auch ein Barometer an Bord, um die Flughöhe abzulesen. Für längere Fahrten wurden außerdem ein Kompaß, Karten der voraussichtlich zu überfliegenden Gebiete, warme Kleidung, Verpflegung und ein Frachtbrief für den Rücktransport des Ballons mitgeführt. Ballonfahrten dienten wissenschaftlichen Zwecken, wurden mit aufsehenerregenden Fallschirmsprüngen verbunden oder wurden als Sport betrieben. Die Fahrtgeschwindigkeit eines Ballons hängt von der jeweiligen Windgeschwindigkeit ab. Die Ballonfahrer müssen nicht nur auf ihre Instrumente achten, sondern auch auf die Form der Wolken, das Gelände unter ihnen, da Luft beispielsweise über Wasser oder Wald kühler ist als über Sand- und Ackerflächen. Ein Ballon kann in vertikaler Richtung, nur beschränkt aber in horizontaler Richtung gesteuert werden. Ein später mit seinen zwei Passagieren abgestürzter Ballon legte 1902 die Strecke zwischen Berlin und Antwerpen (650 Kilometer) in etwa 5,5 Stunden zurück. Dabei erreichte er eine Geschwindigkeit bis zu 150 Stundenkilometer. Mit dem Heißluftballon löste sich der Mensch aus seiner erdgebundenen Umgebung, blieb aber Spielball der Naturkräfte. Zeitliche Planung war nicht möglich. Schon lange versuchten Konstrukteure verschiedener Länder Antriebsmittel zu bauen, die in der Luft verwendet werden konnten. Man dachte dabei an Segel, Paddel, Flügel, an menschen- oder tierbetriebene Schaufelräder, an komprimierte Luft. Die technischen Voraussetzungen (Luftschraube, stromlinienförmiger Rumpf) zum Bau von Luftschiffen wurden bis Ende des 19. Jahrhunderts geschaffen. Anfang des 20. Jahrhunderts gelang es dem aus Konstanz stammenden ehemaligen Kavalleriegeneral Graf Ferdinand von Zeppelin, in Manzell am Bodensee Starrgerüstluftschiffe zu bauen, die mit Dieselmotoren betrieben wurden.

Das erste Luftschiff stieg am 2. Juli 1900 auf. Schon seit einigen Tagen hatte eine Menschenmenge aus der näheren und ferneren Umgebung zu Wasser und zu Land auf den großen Augenblick gewartet. Am 2. Juli flaute der Wind endlich so weit ab, daß der Flug möglich wurde. Graf Zeppelin und seine vier Mitfahrer stiegen in die unter der Hülle hängenden Gondeln. Zeppelin sprach vor den Arbeitern seiner Firma, Feuerwehrleuten, Soldaten und anderen Anwesenden ein Gebet. Ein Dampfer schleppte das Floß mit dem Luftschiff aus der schwimmenden Halle. Über den Aufstieg des Luftschiffes um 20.03 Uhr, nach dem Loslassen der Leinen, notierte einer der Mitfahrer, der Schriftsteller Eugen Wolf: „Majestätisch, von jeder Fessel ledig, entschwebte das Luftschiff. Tausendstimmige Hurras ertönten an den Ufern, alle Augen folgten dem Flug des Ballons, der erst langsam die Richtung nach Süden nahm." Das Luftschiff stieg schließlich auf 400 Meter. Nach nur achtzehn Minuten mußte es allerdings wegen verschiedener technisch bedingter Zwischenfälle wieder landen.

Trotz anfänglicher Mißerfolge wurden bis in die 30er Jahre weitere Luftschiffe gebaut. Sie dienten als Verkehrsmittel zum Transport von Passagieren und wurden im 1. Weltkrieg durch das Deutsche Reich zum Bombardement von London, Paris und anderen Städten eingesetzt. Es war das englische Luftschiff R 34, das am 2. Juli 1919 von Schottland aufstieg und am 6. Juli New York erreichte und so den Atlantik erstmals von Ost nach West, gegen die Windrichtung, überquerte. Der englische General Edward Maitland schrieb in sein Logbuch: „Während wir über diese amerikanische Landschaft gleiten, bekenne ich mich zu einem wunderbaren Gefühl der Befriedigung über diesen ersten Blick auf amerikanischen Boden - von oben. Mehr als alles andere führt mir das eindringlich vor Augen, wie klein diese Welt in Wirklichkeit ist, welche erstaunliche Rolle diese großen Verkehrsluftschiffe in Zukunft durch die Verbindung entferntester Weltgegenden spielen werden und was für interessante Jahre unmittelbar vor uns liegen!"

Seit 1931 flog das Luftschiff „Graf Zeppelin" fahrplanmäßig auf der Atlantikroute zwischen Europa und Südamerika. Die Reise mit einem Zeppelin war teuer, wenn auch der Preis in den 30er Jahren abnahm. Die Passagiere wurden dafür mit gutem Service und feinen Mahlzeiten verwöhnt. Das 1936 fertiggestellte deutsche Luftschiff „Hindenburg", das größte je gebaute Luftschiff, brauchte im Durchschnitt 65 Stunden von Deutschland nach Nordamerika und 52 für die Rückfahrt. Nachdem es 1930 zum katastrophalen Absturz eines englischen Luftschiffes über Nordfrankreich gekommen war und 1937 auch die „Hindenburg" in einem furchtbaren Brand zerstört wurde, ging die Zeit der Luftschiffe zu Ende.

Motorflieger im Pelz. 1903 führten die Amerikaner Wilbur und Orville Wright den ersten gesteuerten Motorflug der Welt durch, wenn auch nur auf einer 36 Meter langen Strecke. Ab 1907 wurde das von den Gebrüdern Wright entwickelte Flugzeug in Frankreich schon industriell hergestellt. 1909 überflog der Franzose Louis Blériot den Ärmelkanal. Im 1. Weltkrieg wurden dann Flugzeuge in großer Zahl hergestellt und vorerst zu Aufklärungszwecken benutzt. Schon bald trugen die Flieger aber auch Luftkämpfe aus. Bereits 1917 und 1918 setzten das Deutsche Reich und Großbritannien Flugzeuge als Bomber gegen den jeweiligen Feind ein. Die Flugzeugentwicklung ging sehr schnell voran. Am 25. August 1919 wurden erstmals Passagiere von London nach Paris transportiert. Ab 1920 gab es einen regelmäßigen Passagierverkehr auf den Linien London-Paris, London – Amsterdam und London-Brüssel. Zahlreiche Fluggesellschaften entstanden. Das Flugnetz weitete sich aus. Die Konkurrenz war unbarmherzig, viele Unternehmen standen bald am Rand des Bankrotts. Staatliche Subventionen kamen den in Not geratenen Gesellschaften zu Hilfe. Flugreisen waren in dieser frühen Zeit noch ziemlich unbequem. Man flog meistens in offenen Kabinen, mit Pelzmänteln, Fliegerhauben und Fliegerbrillen ausgestattet. Oft kam es zu Notlandungen irgendwo auf freiem Feld. 1919 baute Hugo Junkers das erste Ganzmetall-Flugzeug. Bis dahin bestanden die Flugzeuge ganz oder teilweise aus Holz. 1929 konstruierte derselbe Junkers die G 38, ein für damalige Verhältnisse riesiges Flugzeug mit 44 Metern Spannweite, worin 34 Passagiere Platz fanden. Es erreichte 208 Stundenkilometer.

In den 30er Jahren wurden auch Langstreckenflüge allmählich zur Routine. Der Komfort der Flugzeuge nahm zu, die Passagierzahlen stiegen. Die Flugzeuge produzierenden Betriebe wurden zu Großunternehmen. Zu den bedeutenden Flugzeugbauern gehörten Junkers, Fokker, Focke, de Havilland und Dornier. Claude Dornier arbeitete zuerst beim Luftschiffbau Zeppelin und begann schon vor dem 1. Weltkrieg mit dem Bau der Flugboote, mit denen er berühmt wurde. 1926 gründete er in Altenrhein am Schweizer Ufer des Bodensees die „Aktiengesellschaft für Dornier-Flugzeuge". 1929 konnte das Flugboot Dornier Do-X mit 170 Menschen an Bord abheben. Schon Ende der 30er Jahre erreichten Flugzeuge von Ernst Heinkel über 700 Stundenkilometer. Das erste Düsenverkehrsflugzeug, mit dem Geschwindigkeiten von über 1000 Kilometern pro Stunde erreicht werden konnten, wurde nach dem 2. Weltkrieg in England hergestellt. Die technischen Voraussetzungen waren in den 30er Jahren erarbeitet worden. 1968 durchbrach ein russisches Tupolew-Modell und 1969 die englisch-französische Konstruktion „Concorde" die Schallgrenze. Die höchste je erreichte Geschwindigkeit eines Flugzeugs war 7297 Kilometer pro Stunde. – Nun griffen die Menschen gar nach den Sternen. 1961 flog der Russe Juri Gagarin in einer Raumkapsel in 108 Minuten um die Erde. 1962 umrundete auch der Amerikaner John Glenn die Erde, und 1969 schließlich betraten die Amerikaner Neil Armstrong und Edwin Aldrin den Mondboden!

More future. Werden in Zukunft die Mobilität und das Reisen noch an Anziehungskraft gewinnen? Eine im Oktober 1997 in der Zeitschrift „Scientific American" veröffentlichte Studie amerikanischer Forscher bejaht dies, ebenso wie Szenarien in Europa annehmen, daß das weltweite Reisebedürfnis mit jeder Verbesserung des Einkommens in einem Land zunehmen wird. Einerseits wird der Hochgeschwindigkeitsverkehr mit dem Flugzeug und Superschnellzug zunehmen, der von Reisenden mit höherem Einkommen benutzt wird, andererseits wird der Automobil- und Busverkehr auf der lokalen Ebene wichtig bleiben und verbessert werden.

Die aktuellen Beobachtungen stützen die Vorstellungen, daß das Bedürfnis nach Mobilität und Reisen ungesättigt bleibt. Vielleicht wiederholt sich sogar die Illusion vom papierlosen Büro. Je mehr wir virtuell zu Hause durch die Welt surfen, Geschäftsreisen durch Internet und Telefongespräche ersetzen, desto mehr und wichtiger werden direkte Anschauung, Besuche und Gespräche von Angesicht zu Angesicht. Denn gerade durch die neuen grenzüberschreitenden Kommunikationsmittel und die Medien wächst die Sehnsucht nach dem persönlichen Kontakt mit dem Geschäftspartner, nach dem Erlebnis, mit eigenen Füßen auf fremdem Boden zu stehen, die Geräusche und Gerüche einer anderen Stadt zu erleben, beeindruckende Landschaften zu erleben. In diesem Fall würde die historisch jüngere, positive Bedeutung des Reisens erneut den Sieg davon tragen. Oder kann der Gegentraum des Bleibens und Stillstands, der Abkehr nach innen, unerwartet eine neue Anziehungskraft gewinnen? Der Frühromantiker Novalis hat ihn vorformuliert: „...Wir träumen von Reisen durch das Weltall: ist denn das Weltall nicht in uns? Die Tiefen unseres Geistes kennen wir nicht. – Nach Innen geht der geheimnisvolle Weg. In uns, oder nirgends ist die Ewigkeit mit ihren Welten, die Vergangenheit und Zukunft. Die Außenwelt ist die Schattenwelt, sie wirft ihren Schatten in das Lichtreich."

Abb. 29: Dornier Delphin II über dem Hafen von Lindau

Unruhe in der Stadt
„De gerechtigheid" von Pieter Bruegel d.Ä.
Christine Hartmann

Die Zeit zwischen 1551 und 1569, in der Pieter Bruegel d.Ä. (um 1528-1569), der bedeutendste niederländische Maler des 16. Jahrhunderts, seine wichtigsten Werke schuf, ist eine Zeit voller Spannungen, krasser sozialer Gegensätze und starker Dynamik. Sie war geprägt von politischen, vor allem aber von religiösen Unruhen, die in den Städten ausbrachen. Zum einen widerspiegeln sich in Pieter Bruegels Bildern diese Spannungen. Zum andern spricht aus seinen Werken die neue Zeit der Städte (vgl. Kasten, S. 123-125). Mehr Menschen lebten auf engem Raum. Sie bildeten ein potentielles Publikum für Schauspiele jeder Art, seien es Darbietungen von Gauklern, karnevaleske Vergnügen, Spiele oder eben auch Hinrichtungen. Auch in der Kunst standen nicht mehr die Heiligen und das Jenseits im Blickfeld, sondern vielmehr alltägliche Szenen. Mächtige Zeitgenossen traten in Portraits auf. Es ist kein Zufall, daß diese Malerei gerade in den aufstrebenden Städten Hollands ihre vollendetste Ausprägung erfährt.

In Pieter Bruegels Darstellung der „Gerechtigkeit", Teil einer Kupferstichfolge mit den sieben Kardinaltugenden, offenbart sich dem Betrachter in beinahe abstoßender Anschaulichkeit die zur damaligen Zeit praktizierte Gerichtsbarkeit.

Zwar noch in der Mitte des vorderen Bildrahmens plaziert, erscheint es dem Maler in keinerlei Hinsicht wichtig, der Personifikation der Gerechtigkeit, einer Verweltlichung des hl. Michaels, übermäßige Bedeutung gegenüber dem irdisch-realen Treiben zukommen zu lassen. Dicht umringt von bewaffneten Gerichtsweibeln, posiert die Justitia, eine Frauenfigur, eingehüllt in ein bodenlanges, üppig drapiertes Gewand, auf dem sogenannten „blauen Stein". Auf diesem fanden im Mittelalter, allerdings öffentlich auf dem Marktplatz, dem Volk frei zugänglich, die Hinrichtungen statt. Lediglich die Inschrift auf dem Stein lenkt den Blick des Betrachters flüchtig auf die dem Bildtitel entsprechende Hauptfigur. Mit verbundenen Augen, ihrer Neutralität wegen oder zum Schutz gegen die Grausamkeiten, die der Wahrheitsfindung, der Besserung und des Beispiels willen um sie herum vollzogen werden, scheint die Justitia ihrer Aufgabe enthoben. Beinahe zur Staffage verkommen, hält die Personifikation der Gerechtigkeit, ausgestattet mit den herkömmlichen Identifikationsattributen, die Waage eher versteckt mit ihrer rechten Hand nach unten, während sie das Schwert mit der Linken kriegerisch emporstreckt. Es fehlt das Attribut des Kissens, das Symbol der Barmherzigkeit; denn Bruegels Justitia ist unbarmherzig. Ohne die Macht und den Glanz von einst scheint sie jegliche Hoffnung, der Lage in ihrem Sinne wieder Herr zu werden, verloren zu haben. Ist es demzufolge die Justitia selbst, die auf Grund ihres Unvermögens auf dem „blauen Stein" hingerichtet werden soll?

Der Richter leitet, links vorne im Bild dargestellt, die Gerichtsverhandlung. Er ist erkennbar am Richterstab (der Stab, gesehen als Mittler zwischen der überirdischen und irdischen Welt, als Macht- und Herrschaftsindiz), eine Haselnußrute, deren Astansätze sichtbar sind. An einem rechteckigen Tisch sitzend, verliest er ein gerichtliches Dokument, das vom Gerichtsschreiber zu seiner Rechten protokolliert wird. Auf den U-förmig aufgestellten Bänken, dem Richter zugewandt, haben die sieben Beisitzer Platz genommen. Ihnen obliegt die Urteilsfindung, während dem Richter lediglich die Prozeßleitung zukommt. Die acht Wappen, die das Rathaus zieren, stehen höchstwahrscheinlich für diese, an der Gerichtsverhandlung beteiligten Patriziergeschlechter. Ihrem Stand entsprechend sind sie allesamt prächtig gekleidet, mit pelzbesetzten Roben und Kopfbedeckungen. Ihre Aufmerksamkeit ist auf den Angeklagten gerichtet, der gebunden von einem Gerichtsweibel vorgeführt wird. Der Angeklagte, ein Kreuz in Händen haltend, das auf seine Vereidigung schließen läßt, wird flankiert von einem Kläger, eventuell auch von einem Zeugen. Diese beiden Personen unterscheiden sich in ihrer Kleidung und auch in der fehlenden Kopfbedeckung deutlich von den übrigen Personen. Die außerdem dargestellten Gerichtsnotare und Gerichtsschreiber scheinen mit dem Prozeß direkt nichts zu tun zu haben, worauf deren unbeteiligte, über den Büchern sitzende Haltung schließen läßt. Das Ausstellen von Urkunden, eventuell auch von Beglaubigungen im Rahmen der freiwilligen Gerichtsbarkeit wird deren Aufgabe sein.

Rchts im Bild, am vorderen Bildrahmen inszeniert, werden wir Zeuge einer Folterungsszene, die der Gerichtssitzung vorangeht. Die Folterung diente der Wahrheitsfindung und erfolgte, anders als hier dargestellt, abgeschirmt, nicht in der Öffentlichkeit. Soll die hell entzündete Kerze vielleicht auf ein dunkles Kellerabteil als Tatort der Folterung hinweisen oder dient sie als zusätzliches Folterinstrument oder gar zur Veranschaulichung des Sprichwortes: „Hier kann man die Gerechtigkeit mit Laternen suchen"? Der Angeklagte liegt gefesselt auf einer hölzernen Streckbank, die gerade von einem der fünf Folterknechte gespannt wird. Mit Hilfe eines Trichters wird dem Angeklagten gewaltsam eine Flüssigkeit eingeflößt. Außerdem wird versucht, dem Opfer mit heißem, herabträufelndem Pech einer brennenden Fackel ein Geständnis zu entreißen. Das in einem Eimer herbeigetragene Wasser könnte einer zwischenzeitlichen Abkühlung des Angeklagten dienen, da laut Gesetz während Folterungen medizinische Betreuung gewährleistet sein mußte, worauf auch der in der Mitte des rechten Bildrahmens dargestellte Wundarzt, erkennbar an der Flasche, hinweist. Eine gerichtliche

Abb. 30: Justitia von P. Bruegel d. Ä.

Kommission, bestehend aus dem Richter und zwei Beisitzern, war bei der Folterung anwesend; ebenso ein Gerichtsschreiber, dem die Aufgabe zukam, ein etwaiges Geständnis aufzunehmen. Führte die Folterung nicht zum erwünschten Geständnis, so folgten weitere Torturen. Unter der Streckbank liegt neben einer Rute ein Gewicht, das beim sogenannten Aufziehen, einer weiteren Folterungsmethode, verwendet wurde; sie ist auf dem Kupferstich ebenfalls dargestellt.

Richter und Beisitzer in voller Zahl waren wieder bei der Urteilsvollstreckung anwesend. Es wurde zwischen Leibes- und Lebensstrafen unterschieden. Strafvollzüge jeglicher Art wurden öffentlich durchgeführt und dienten einerseits der Abschreckung, andererseits der Volksbelustigung. Die in der Mitte rechts zur Schau gestellte Enthauptung zeigt den Angeklagten, ein Kreuz in Händen haltend, vor dem Henker mit hoch erhobenen Schwert kniend. Der kreisförmig um die Szene aufgeschüttete Sand sollte vielleicht das Blut auffangen. Diente das Kruzifix dem Angeklagten als geistlicher Trost? Oder bot sich für den Hinzurichtenden durch sein Einverständnis, das Kreuz während der Hinrichtung in den Händen zu halten, eine Möglichkeit, sich vor einer grausamen Strafverschärfung zu schützen? Im Zuge des von Kaiser Karl V. erlassenen Blutedikts wurde Ketzern, die sich weigerten, christlich zu sterben, die Zungenspitze verbrannt.

Auf dem Rathausvorplatz vollzieht sich, inmitten einer Menschenmenge, auf einer Schaubühne der Vollzug der Strafe des Ausstäupens, des Auspeitschens mit zwei Ruten. Der Verurteilte steht gefesselt an einer Prangersäule. Eine Ersatzrute liegt auf der Bühne neben dem Kleiderbündel des Angeklagten bereit. Das sich auf der Treppe drängelnde Volk wird von einem Gerichtsweibel zurückgehalten.

Im hinteren Trakt des städtischen Rathauses sehen wir links eine Verhaftungsszene, rechts den Vollzug einer Verstümmelungsstrafe, der Abschlagung der Hand, wiederum im Beisein der gerichtlichen Kommission. Der Hintergrund des Bildes ist, nebst dichtgedrängter Menschenmengen, angefüllt mit weiteren Szenen wie etwa verschiedene Stadien des Hängens und Räderns, der Lebensstrafe des Verbrennens, einer Golgathadarstellung wie auch mit der Überbringung von Verurteilten in einem Karren, der von einem Esel gezogen wird, hinaus zur außerstädtischen Richtstatt. Einer der Verurteilten reitet, zum Gespött der Leute, gebunden auf dem Esel. Eine Frau, ein Kind an den Händen haltend, eilt dem Troß zu, um nichts von dem gebotenen Spektakel zu versäumen. Einzelne Leute warten gespannt an hochgelegenen Stellen, von denen aus sie alles gut zu überblicken erhoffen.

Das Gerechtigkeitsbild wurde von Bruegel mit einem lateinischen Text versehen, die Strafzwecke zusammenfassend: „Scopus legis est aut ut eum, quem punit, emendet, aut poena eius ceteros meliores reddet, aut sublatis malis ceteri securiores vivant" - „Der Zweck des Gesetzes ist entweder, denjenigen, den es bestraft, zu beseitigen oder, daß die anderen durch seine Strafe besser werden, oder, daß die anderen sicherer leben, wenn das Böse beseitigt ist." Vom herkömmlichen Strafzweck, nämlich der Sühne, der Aussöhnung des Täters mit der Verwandtschaft des Opfers und mit Gott, ist keine Rede mehr.

Bruegel verfährt aufzählend. Ein abstraktes Bildthema wird mittels unerschöpflichem Einfallsreichtum aufgefächert in eine Vielzahl konkreter Ereignisse. Dabei ist der Maler stets bedacht, der Befriedigung der Neugier und Schadenfreude des schaulustigen und gaffenden Volkes Genüge zu tun, sowie seine Lernbereitschaft zu nützen, eventuell auch anzuregen und zu steigern.

Ausgehend von einer Einzelfigur, setzt Bruegel, bewußt dezentralisiert angeordnet, gleichwertige Bildinhalte nebeneinander. Die Darstellung erschließt sich dem Betrachter nicht auf einen Blick. Gleichsam mit dem Ziel vor Augen, das Bild als Suchbild, als Puzzle zu präsentieren, dessen einzelne Teile zu einem Ganzen zusammengefügt werden müssen, setzt der Maler all sein Können ein, um den Betrachter von einem Bildelement zum anderen zu leiten, ihn das Dargestellte „lesen" zu lassen. Die spielerische Lust und Bereitschaft der Menschen helfen dem Maler dabei. Bruegel bedient sich hierfür eines speziellen Stilmittels. Den mit dem Rücken zum Betrachter dargestellten Figuren kommt in erster Linie die Aufgabe zu, die einzelnen Geschehnisse voneinander zu trennen, zu gruppieren, wie auch von einer Szene zur nächsten überzuleiten.

Das Nebeneinandersetzen gleichwertiger Glieder, anstelle einer hierarchischen Stufung, kann durchaus als Ausdrucksform eines neuen Bildes der Gesellschaft in der Kunst verstanden werden. Auf Symmetrie und Mittelpunkt wurde verzichtet, an die Stelle des Helden trat das Volk. Die alte Stufenleiter der Stände wich der Vorstellung, daß Menschen Gruppen, ein Volk oder eine Masse bilden, die sich bewegen lässt. Eine neue Weltanschauung kündigte sich an.

Im Gegensatz zu Hieronymus Bosch, in dessen Nachfolge Bruegel vielfach gesehen wird, ist unser Maler dem Diesseitigen verhaftet. In dem Augenblick, in dem der Mensch nicht mehr all sein Denken und Handeln auf das Jenseits hin ausrichtet, in dem er das Hier und Jetzt als das eigentliche Sein versteht, in dem Augenblick ändert sich auch die Einstellung, die

Bereitschaft dem Sterben, dem Tode gegenüber. Je stärker die Lebenslust des einzelnen, desto tragischer wird auch der Verlust des ach so geliebten Lebens empfunden.

In gewissem Maße verständlich, erklärt sich uns somit auch die rege Anteilnahme des Volkes an den öffentlich vollzogenen Gerichtsurteilen. Das Publikum gierte geradezu nach derartigen Bildern, in denen mit beinah abstoßender Anschaulichkeit die Greueltaten der damaligen Zeit zur Schau gestellt wurden. Galt bis zum 16. Jahrhundert das verabscheuungswürdige, sündhafte Treiben des allgemeinen Volkes als bildunwürdig, so wurde nun das Leben des Volkes zum neuen Bildthema erhoben. Das Publikum wünschte Kuriositäten zu sehen, wollte unterhalten werden. Bruegel gelang dies durch die Aktualität seiner Bildthemen. Das breite Publikum identifizierte sich mit dem Dargestellten. Auch in der heutigen Zeit erachten wir Abschreckendes als kurios und demzufolge als anziehend.

Bruegels Darstellung der „Gerechtigkeit" wirkt trotz der vielfältigen Folterungsmethoden, die uns dargeboten werden, eher verhalten, wenn nicht gar sachlich. Weder allzugroße Leidenschaft noch Gehässigkeit bestimmen den Verlauf der Geschehnisse. Ein jeder waltet unbeirrt seines Amtes oder erleidet, was ihm beschieden ist.

Bemerkenswert an Bruegels Werk ist, daß trotz der dargestellten Menschenmengen, der vielen gleichwertig nebeneinanderstehenden Ereignisse Überschaubarkeit und Einheit bestehen bleiben. Der Mensch wird als Teil eines unauflöslichen Ganzen gesehen. Das Figurenbild, wie auch das Landschaftsbild stellen für Bruegel keineswegs zwei grundsätzlich verschiedene, voneinander zu trennende Bildgattungen dar. Bruegels Bilderwelt ist die bevölkerte Erde. Landschaft und Architektur verschmelzen zu einer von oben gesehenen Bühne, die Platz bietet für das ereignisreiche menschliche Treiben. Ein hoch angesetzter Horizont, die folgerichtige Verjüngung der Gestalten im Hintergrund, weiten den Raum in die Tiefe aus.

Vorder-, Mittel- und Hintergrund strukturieren den Bildaufbau. Während Vorder- und Hintergrund von sich dicht aneinanderdrängenden Menschenmassen belebt werden, stellt der Mittelgrund, eine Art Terrasse, die sich vor dem Justizgebäude erstreckt und mittels einer abwärtsführenden Treppe mit Geländer zum Hintergrund weiterleitet, das Gleichgewicht wieder her.

Bruegels Bilder zeichnen sich durch eine neue Art der Bewegtheit aus. Die mittelalterliche Starrheit und Geschlossenheit des Bildes wird aufgehoben, indem der Maler das neutrale Sein stets als ein Gewordensein versteht. Auf ein vorangegangenes oder folgendes Anderssein der Situation hinweisend, vermag Bruegel beim Betrachter die Illusion der Bewegtheit, der Wirklichkeit, des wahren Lebens hervorzurufen. Die mittelalterliche Betrachtungsweise erachtete irdisches Streben als belanglos. Der Mensch als göttliches Geschöpf hütete sich, durch Willensäußerung das Bestehen des heiligen Bundes, den Gott mit den Menschen geschlossen hatte, zu gefährden. Der göttlichen Gnade harrend, entweder im Himmel paradiesische Zeitlosigkeit zu genießen oder in der Hölle zu ewigem Sühnen verdammt zu sein, bedurfte es der Erfaßbarmachung des zeitlichen Elements nicht. Das mittelalterliche Bild ist in sich geschlossen, begrenzt, wenn auch geistig nach oben offen. Bruegel weitet seine Bilder, Platz bietend für jegliche Art der Bewegung, sinnlicher wie auch geistiger Art.

Man darf Bruegel sicherlich als Naturalisten bezeichnen, natürlich nicht im Sinne von Naturstudien, die er betrieb. Bruegel malte nach der Natur, indem er sich an die aus ihr gewonnenen Eindrücke oder persönlichen Erlebnisse erinnerte und sie wiedergab. Der Maler war sich bewußt, daß Naturwahrheit, die auf exakter Beobachtungsgabe und auf einem gut funktionierenden Gedächtnis beruht, die Illusion, die Wirklichkeit zu schauen, erhöht. Gleichzeitig galt es zu erkennen, daß nicht jede Art der Steigerung der Naturwahrheit, die angestrebte Illusion zu vervollkommnen vermag. Je mehr Übereinstimmungen mit der Natur geboten werden, desto mehr wird zweifelsohne auch gefordert. Eine Steigerung der Naturwahrheit, die die Bewegungsillusion nicht fördert, mindert sie.

Instinktiv meidet Bruegel, dem es in erster Linie darauf ankommt, den bewegten Menschen in seiner natürlichen Umgebung zu zeigen, ausführliche Durchbildungen der einzelnen Bildelemente. Das sich in Bewegung befindliche erscheint ungenau, entfernt. Um den beweglichen Menschen auf einem starren Bildträger darzustellen oder beim Betrachter die Illusion von Bewegung zu wecken, erwählt der Maler aus einer Vielzahl aufeinander folgender Bilder ein einziges zum Standbild. Diesem kommt nun die Aufgabe zu, vor den Augen des Betrachters den gesamten, ununterbrochenen Bewegungsablauf wachzurufen. Ungeachtet der Tatsache, daß es sich bei diesem Bild lediglich um ein Fragment handelt, sieht sich der Betrachter dennoch in der Lage, zeitlich vorangegangenes oder nachfolgendes zu ergänzen.

Sobald der Betrachter Bewegung im Bild zu sehen vermag, fühlt er auch den Raum, den die bewegende Figur beansprucht. Raum- und Bewegungsillusion bedingen somit einander. Eine in Seitenansicht wiedergegebene, sich bewegende Figur weitet den Raum nach einer Seite aus, mit dem Rücken zum Betrachter bildeinwärts laufend, schafft sie Tiefe, im Tanz sich drehend, versprüht sie Raumillusion nach allen Seiten. Bildrandüberschneidende Elemente bewirken eine Ausdehnung, eine Verselbständigung der gesamten Szenerie.

Eine Zurschaustellung der persönlichen Einstellung des Künstlers vor dem Publikum konnte, wenn überhaupt in seiner gefährlichen Zeit, lediglich unterschwellig, metaphorisch erfolgen. Das Volk verstand es, gemäß der Tradition mittelalterlicher Bildauffassung, die Parallelen zu ziehen, von der bildlich dargestellten Welt hin zur eigenen Alltagswelt. Inwieweit Bruegel jedoch seine politische Haltung, seine Zustimmung oder Abneigung gegenüber dem Regime zu vermitteln wünschte oder sich lediglich in der Position des unvoreingenommenen Chronisten sah, ist fraglich.

Pieter Bruegel d. Ä. starb am 5. September 1569, zwei Jahre nach dem offiziellen Ausbruch des sogenannten 80-jährigen Krieges. Bruegel strebte danach, den Menschen mit all seinen Liebenswürdigkeiten, Ängsten, aber auch Fehlern und Schwächen in seiner Alltagswelt darzustellen. So erscheint es als selbstverständlich, daß die Spannungen religiöser wie politischer Art, sowie der daraus resultierende Krieg, den Menschen zutiefst in seinem Denken und Handeln prägend, Niederschlag in Bruegels Werken fanden.

Niederländische Religions- und Bürgerkriege

Als am 25. Oktober 1555 Kaiser Karl V. aus dem Hause Habsburg im Zuge seiner Abdankung seinem Sohn Philipp II. die 17 Provinzen übergab, sollte für das niederländische Volk eine unheilvolle Zeit beginnen. Karl V., geboren in Gent, aufgewachsen in Brüssel, mit der Sprache und den Sitten des niederländischen Volkes vertraut, hatte ein gutes Auskommen mit dem Adel. Er liebte das Land. Seine Versuche, den keimenden Protestantismus in den Niederlanden zu unterdrücken, führten zu einer Reihe von Ketzeredikten, die im sogenannten Blutedikt gipfelten, das die Todesstrafe für sämtliche Ketzereien forderte. Die Kriege gegen die Franzosen und Türken nahmen Karl V. jedoch zu sehr in Beschlag, und verunmöglichten ihm die Ausführung der Edikte zu überprüfen.

Seinem Sohn Philipp II. lag das Wohl der Niederlande weit weniger am Herzen. Die 17 Provinzen, die sich in ihrer Regierungsweise leicht voneinander unterschieden, stellten für den neuen Monarchen eher eine Herausforderung dar, seine administrative Macht unter Beweis zu stellen. Philipp II. war als Spanier weder der niederländischen Sprache, noch der Mundart des Volkes, noch der bei Hof gesprochenen französischen Sprache mächtig. Anders als sein Vater, den die Niederländer als ihren Landesfürsten ansahen, blieb Philipp II. in ihren Augen ein Fremder, ein im Ausland lebender Monarch, der zudem ein fanatischer Verfechter des Katholizismus war. Zunächst noch einer gewissen Kontrolle unterliegend und demzufolge in seiner politischen Handlungsfreiheit eingeengt, stand nach dem Tod seines Vaters im Jahre 1559 der Verwirklichung der Pläne Philipps II. nichts mehr im Weg. Sein Ziel war es, die Provinzen zu einigen, dem Adel die Macht zu entziehen und dem Protestantismus vehement entgegenzuwirken. Philipp II. führte ein strenges Regiment. Das Blutedikt wurde mit stärkstem Nachdruck angewandt. Jegliche Art der Ketzerei wurde unumgänglich mit dem Tod bestraft. Um in seinem Namen regieren und das Volk unter Kontrolle halten zu können, setzte Philipp II. seine Halbschwester Margarete von Parma als Regentin ein. Der Bischof und spätere Kardinal Granvella wurde zum Präsidenten des Staatsrates der Niederlande und zum Vorsitzenden des Exekutivausschusses ernannt, der die Politik des Staatsrates im wesentlichen zu bestimmen hatte. Dieser Exekutivausschuß setzte sich zusammen aus

Philipp II. und einigen unterwürfigen Adligen, die zugleich das Amt des Statthalters in ihren Provinzen innehatten.

Außerdem strebte Philipp II. eine Neuordnung der Bistümer an und die Einsetzung spanischer, von der Krone ernannter Berufspriester. Der örtliche Widerstand war jedoch zu groß und vereitelte die Anordnungen des Königs. Die öffentlich durchgeführten Hinrichtungen vermochten nicht zu verhindern, daß die protestantische Bewegung erstarkte. Im Gegenteil, da ketzerische Predigten in den Städten schon seit langem verboten waren, begannen nach 1560 protestantische Geistliche auf dem Lande, ihre sogenannten „Heckenpredigten" abzuhalten. Drohungen wurden laut, Gefangene gewaltsam aus den Händen der Inquisition zu entreißen, katholische Kirchen und die Klöster religiöser Orden zu stürmen. An Ketzerprozessen teilnehmende Geistliche, Scharfrichter wie auch Henkersknechte liefen stets Gefahr, von dem protestierenden, sich zur Wehr setzenden Volk gewaltsam angegriffen zu werden. Mord, Totschlag, Überfälle und dergleichen, daraus resultierende Bedrohungen, grausame Folterungen sowie Hinrichtungen standen auf der Tagesordnung. Dramatische Spannung zeichnete das bürgerliche Dasein aus, und das Alltägliche erstrahlte im Glanz des Heroischen.

Unzählige Petitionen erbaten die Absetzung Granvellas und den Abzug spanischer Truppen aus den Niederlanden. Sie führten zunächst zu keiner Veränderung der bestehenden Verhältnisse. Philipp II. wertete den Protest des Volkes als empörenden Ungehorsam und führte unbeirrt seine Strategie fort. Doch 1564 wurde Granvellas Absetzung beschlossen, und 1566 wurden durch das Bestreben der verängstigten Margarete von Parma die bestehenden Ketzeredikte gemildert. Das Volk verlangte jedoch absolute Religionsfreiheit und war nicht gewillt, sich mit Kompromißlösungen zufriedenzugeben.

Im Sommer 1566 stürmten kalvinistische Extremisten katholische Kirchen und Institutionen. Heiligenbilder, Reliquien, Altargemälde wurden in großen Mengen geraubt, zerstört, verbrannt, Abendmahlswein wurde getrunken, Hostien geschändet. Abermals erhoffte man sich, auch Margarete von Parma selbst, Philipp II. zur Vernunft bringen zu können und dem Töten ein Ende zu bereiten. Er wurde aufgefordert, nach Brüssel zu kommen, um sich der unheilvollen Situation an Ort und

Stelle bewußt zu werden. Philipp II. sagte sein Kommen zwar zu, beauftragte indessen insgeheim den Herzog von Alba und ein 20.000 Mann starkes Heer mit der Ausführung dieser Pflicht und mit der Absetzung der Regentin Margarete von Parma sowie der weiteren Ausmerzung ketzerischer Aufständischer. 1567 erreichte der Herzog von Alba Brüssel. Er berief einen Ausschuß spanischer Richter ein, offiziell Rat der Unruhen genannt, berüchtigt jedoch unter dem Namen Blutrat, um Verräter und Ketzer zu richten. Wilhelm von Oranien widersetzte sich stets dem radikalen Vorgehen Philipps II. und rief das niederländische Volk wie auch den König zur Vernunft auf. Er haßte blutige Exzesse, wohl wissend, daß religiöser Fanatismus nur allzu oft zu derartigen Auswüchsen führt. Seine Bemühungen blieben jedoch erfolglos. Nachdem er jahrelang seine Neutralität wahrte, bekannte er sich, nachdem er vom Einmarsch des Herzogs von Alba erfuhr, öffentlich zur Seite der Aufständischen und formierte ein Befreiungsheer, das jedoch 1568 niedergeschlagen wurde. Der protestantische Widerstand blieb jedoch aufrecht. 1574 trat Wilhelm von Oranien erneut zum Kampf an, aus dem er diesmal siegreich hervorging. Somit verhalf er zumindest den sieben nördlichen Provinzen, die sich in der Folge zu dem neuen holländischen Staat zusammenschlossen, zur Unabhängigkeit.

Im Jahre 1843 hätten wir in der schaulustigen Menge in Paris keinen geringeren als den deutschen Dichter Heinrich Heine auf dem Bahnhof angetroffen. Er nahm an der Eröffnung der Eisenbahnlinien nach Rouen und Orléans teil. Heine berichtete: „Durch die Eisenbahnen wird der Raum getötet, und es bleibt nur noch die Zeit übrig. In vierthalb Stunden reist man jetzt nach Orléans, in ebensoviel Stunden nach Rouen. Mir ist, als kämen die Berge und Wälder aller Länder auf Paris angerückt. Ich rieche schon den Duft der deutschen Linden; vor meiner Tür brandet die Nordsee." Die Begeisterung über diese schnelle Zukunft ist bei Heine ironisch eingefärbt und nicht mehr so ungeteilt, wie Nikolaus Cusanus 400 Jahre zuvor den Strom der Gläubigen nach Rom bewundert hatte. Heine braucht das Wort „Tötung" des Raums. Er hat weit in die Zukunft geblickt.
Selbst die Landwirtschaft ist gegenwärtig im Begriff, sich von der Erde und Scholle abzuheben. Wenn wir die Zeitkapitel zurückblättern, wird klar, daß die Bewirtschaftung des Bodens, die „Landwirtschaft" ursprünglich ins Sakrale eingebunden war. In den Zeitkreisen lieferte die Erde nicht nur die Nahrung, sondern mit ihrer Produktion ein Stück der Zeit- und Sinnorientierung. Brot und Wein wurden in der Heilszeit Hostie und Blut Christi. Neun von zehn Menschen arbeiteten für diese irdischen Güter und nahmen in der Messe an der Werttranssubstantiation teil, als Arbeitende und als Christen. Landwirtschaftsgüter, das Korn, dienten als erste Wertspeicher und Mittel für Tausch und Handel, Marktmacht und politischen Einfluß. Jene, die im Alpengebiet leben, tun sich schwer mit der Leere, die der Schwund der Bauernhöfe und Hütten der Landwirtschaft an den „gähen" Hängen im Empfinden hinterläßt. Am Ende des 20. Jahrhunderts scheint sich die Landwirtschaft in eine weltumspannende Fabrik zu verflüchtigen. Sie hat die soziale Kohäsionskraft verloren, die Menschen an Bauernhöfe, diese an Siedlungen, Dörfer und ganze Regionen angebunden hat.

Man aß aus dem Boden, der Erde, heraus. Sie ging mit den Nahrungsmitteln durch unseren Magen. Das Tier gehörte dazu, es war zwar nicht gleichberechtigt, aber in gewissem Sinne doch gleich, weil wir das Tier essen konnten, so natürlich, wie es uns früher angefallen und gefressen hat. Die Landwirtschaft hat uns vormals in das Erdgeschehen eingebunden, wie es keine Maschine, kein Apparat, keine Pille oder andere Errungenschaften vermögen. Selbst wenn die neuen Nahrungsmittel vielfältiger, keimfreier und zugänglicher geworden sind, es bleibt Trauer. Die Kinder werden synthetische Nahrung vorziehen und die Tiere immer weniger in natura sehen und erfahren. Die Kasernierung des Schlachtens in zentralen Fleischfabriken hinterläßt eine Leere. Die Abwesenheit der echten Tiere wird gefüllt mit den Tierbildspektakeln von Walt Disney, dem Kätzchen oder Hündchen zu Hause und dem gähnenden Eisbären im Erlebnisparkzoo.

Ursprünglich war der Kreis das Bild für die eine Seite des Lebens – die Vollkommenheit und den Stillstand. Sprungartig wurde der Kreis zum Rad und zur Bewegung. Heine sah richtig voraus: Seit der Weltzeit hat es keine Revolution gegeben, die so erfolgreich und unumkehrbar wirkte wie jene des Rades, des Verkehrs, der Beschleunigung auf den Geraden. Der Alpenraum erfährt dies drastisch. Er ist zum Stauraum für Lastwagen geworden, die Halbfertigwaren hin und her transportieren, bis sie ganz fertig sind und wiederum auf die Reise bis zum Kunden auf den Markt geschickt werden.

Ein Wort bringt es zum Ausdruck: man „verreist" am Wochenende, zum Vergnügen, in die Ferien, zum Jobben. Das Verkehrssystem hat über die Veränderungen der Landwirtschaft hinaus weit mehr bewirkt. Es hat die Beheimatung im nahen Raum, in der Gemeinde, in der Stadt und in der Region abgewertet. Agglomerationssiedlungen sind an Wochenenden und zur Ferienzeit verödet, leer und für Einbruchstouristen attraktiv. In den Tourismusgebieten steht man Schlange, man schlägt sich die Skistöcke um den Kopf und erholt sich von der Hinreise. Nach der Abreise bleiben die leeren Hotels wie Sarkophage in der Landschaft zurück. Sie kleben nicht mehr an den Hängen – sie ragen über sie hinaus.

Leere ins Leben von Siedlungen blasen die Sensationen. Während des Spitzenmatches sind die Straßen leer. Am Sonntag „erfährt" man sich den „Blick" am Kiosk mit dem Auto und saugt zu Hause die Sensationen ein. Was sich in der Stadt des Mittelalters zusammenbraute, Markt, Handel, Spiel, Lust und Vergnügen, erzeugte

Reibung und Temperatur. Die Richter und die Henker sah man und erschauerte. Das Gaffen bei der Aburteilung und dem Strafvollzug erregte und reinigte. Die städtische Unruhe wuchs und die urbane Temperatur war hoch, es kam hier später zu Explosionen. Gleichgültig wirken die heutigen Siedlungen, wenn sich zur gleichen Zeit die Sensationen und Attraktionen den Rang für die Augenblicke ablaufen im Kampf um die letzte Minute noch verfügbarer Zeit.

**Teil III
Vom Wenden der Seiten zum
Rauschen im System**

Zeit und Zukunft wurden seit eh und je durch Erzählen zu überliefern versucht. Bald entstand das Bedürfnis, die mündliche Überlieferung zu speichern und schriftliche Zeugnisse, Botschaften an die nachfolgenden Generationen zu hinterlassen. Der erste Beitrag (Leipold-Schneider) zeigt, wie aus Holz und Tierhäuten das Buch entstand, wie es durch das Mittelalter bis heute das Empfinden und Gestalten von Zeit prägt. Der anschließende Beitrag (Meier-Dallach) widmet sich einer spannenden Auseinandersetzung, die im Buch, in Reden und in Taten ausgetragen wurde. Gelehrte und Philosophen erdachten sich Vorstellungen, was Zeit und Zukunft eigentlich ist. Früh tauchte im Mittelalter das Bild des Rades auf, das sich ungleichmäßig dreht. Aus dem Zeitrad der Philosophen entsteigen Ideen, die immer schneller umgesetzt werden - in technische Systeme.

Ora, labora et scribe
Buch in der Zeit – Zeit im Buch
Gerda Leipold-Schneider

Seit den 80er Jahren vermelden Verlage Rekorde. Die Dauer, um ein Buch herzustellen, schmilzt auf Monate und Wochen zusammen. Die Zeiten für die Produktion eines Buchs nähern sich der an einem Tag verfertigten und ausgelieferten Zeitung. Es sinkt aber auch die Lebensdauer auf dem Markt. Bücher sind kurzfristige Waren geworden. Blicken wir zurück in die Geschichte, in der das Buch noch eine lange Dauer brauchte, bis es vom Rohstoff zum Endprodukt wurde. Eine neue Form der Arbeit war nötig. Die Devise der Mönche: „Bete und arbeite" „ora et labora", wurde schon im frühen Mittelalter erweitert durch: „et scribe", schreibe!

Abb. 31: Benediktregel, um 820

Die klösterliche Regel benötigte Schriftlichkeit für die Liturgie, die Missale, Graduale, Sequentionare, Antiphonare, Psalterien, Legendenbücher und Breviere. Die Bücher mußten geschaffen werden, obwohl in der Regel vom Bücherschreiben und der Literatur nicht die Rede war. Schreibstube und Bibliothek entstanden, ohne daß dies zunächst von Benedikt vorgesehen war. Der große, auf der Gelehrsamkeit seiner Mitglieder beruhende Ruf des Benediktinerordens entstand allmählich als „Funktionszuwachs".

Arbeit und Askese. Das Schreiben war körperliche Anstrengung. Deshalb beauftragten die Gelehrten noch in der Antike damit ihre Sklaven. Die Mönche beklagten sich zuweilen im Mittelalter darüber. Die Anfertigung der Handschriften galt aber den Christen auch als Dienst an Gott. Von der hohen Wertschätzung zeugt etwa jener Satz von Alkuin über der Pforte der größten abendländischen Schreibstube um 800 im Kloster St. Martin in Tours: „Es ist ein vorzügliches Werk, heilige Bücher abzuschreiben, und der Schreiber selbst verdient damit Lohn. Besser als einen Weinberg zu graben, ist das Schreiben von Büchern; jener dient seinem Bauch, dieser dem Geist" – „Est opus egregium sacros iam scribere libros, nec mercede sua scriptor et ipse caret. Fodere quam vites melius est scribere libros, ille suo ventri serviet, iste animae".

Abb. 32: Entstehung des Buches, 2. Hälfte 12. Jh.

Das Buch unterlag der Wachstumsdauer der natürlichen Rohstoffe – dem langjährigen Wachsen des Baumes, der mehrere Jahre herangewachsenen

Ziege, der Tiere für die Häute, deren Trocknung für das Pergament, der Gewinnung der Farben und Tinte. Die ersten Bücher waren Gebilde, verfertigt und verfestigt aus organischen Stoffen, um das Geschriebene dauerhaft zu speichern – für die Zukunft.

Die Frage, wie lange der Schreiber im Mittelalter beschäftigt war, läßt sich nicht in Wochen oder Stunden beantworten. Die aufgewendete Zeit hing von der gewählten Schrift und der Sorgfalt der Arbeit ab. Nach der Schrifterstellung folgten die Illuminierung oder bildliche Ausstattung und das Binden des Buchs. Von Beginn an hatte man die Heilige Schrift mit Malereien geschmückt, kostbare Einbände aus Elfenbein entstanden für Handschriften zum Gottesdienst oder für andere Zwecke. Der normale Gebrauchseinband war der mit Leder bezogene Buchenholzdeckel – daher der Name Buch –, der oft mit Blindprägung, später auch mit Goldprägung geschmückt wurde.

Entscheidend für die Dauer und Qualität des Buchs war der Beschreibstoff. Kalb, Schaf oder Ziege mußten erst geboren und geschlachtet sein, bis deren Haut - in einer Kalklösung von Fleisch, Fett und Haaren gereinigt, im Kalkbad kalziniert und anschließend geglättet - als Pergament zur Verfügung stand. Eine erste Beschleunigung des Verfahrens brachte die Einführung von Papiermühlen seit 1390 in Nürnberg, wo eine frühe Papiermühle urkundlich nachweisbar ist.

Für die Mönche war das Buch eine Lebensbeschäftigung. Denn alle mit dem Buch zusammenhängenden Tätigkeiten wurden von den Mönchen ausgeführt:

Die Abbildung auf S. 133 gibt Einblick in die Schreibwerkstatt. Man sieht den Erzengel Michael und rechts zu seinen Füßen Handschriftenmaler mit Farbschale und Pinsel. Links findet man das Beschneiden einer Vogelfeder, das Notieren mit Schreibgriffel auf das Wachs einer Doppeltafel und das Bearbeiten eines in einen Rahmen eingespannten Pergaments mit Schabeisen und schließlich das Abschrägen der Holzdeckelkanten mit dem Flachbeil. Rechts sieht man, wie vier Doppelblätter zu einem Quaternio zusammengefügt werden, einen Mönch mit Messer und Federkiel hinter dem linken Ohr, das Zusammenbinden der Lagen mittels Heftlade, die Linierung der Doppelblätter mit Lineal und Federmesser und das Schmieden einer Bucheinbandschließe. In der Mitte oben steht die vollendete Handschrift, und unten zeigt ein Mönch die fertige Handschrift einem Schüler.

So entstanden in langwieriger Handarbeit die Handschriften der Klöster als Grundlage des mönchischen Lebens und der wissenschaftlichen Beschäftigung mit dem Bibeltext. Viel Zeit floß in das Buch ein. Gefördert vom karolingischen Kaiserhof, arbeiteten im Bodenseeraum die Klöster St. Gallen und Reichenau. Aus der Mehrerauer Schreibstube sind heute noch ein Markus-Evangelium mit Kommentar von Hieronymus und Beda Venerabilis und die Vita S. Galli von Walahfrid Strabo, nach der stilistischen Form dem Ende des 11. Jahrhunderts zuzuordnen, überliefert.

Heute birgt die Mehrerauer Bibliothek noch etwa 50 Handschriften in ihrem Bestand. Sie sind vorwiegend liturgischen Inhaltes, darunter ein sehr kostbares Franziskaner Missale von Viktorsberg aus der Mitte des 13. Jahrhunderts, ein Zisterzienser Antiphonar-Fragment aus dem 14. Jahrhundert und ein Zisterzienser Hymnar. Einige Chorbücher des 14. und 15. Jahrhunderts befinden sich im Vorarlberger Landesmuseum.

In der Mehrerau hielt man noch lange am Abschreiben der Bücher fest. Eine 1475 in Bregenz rubrizierte Inkunabel deutet auf ein Fortleben der Schreibschule in der Mehrerau hin. Noch um 1520 fand ein Benediktinermönch aus Ossiach (Kärnten) in der Mehrerau Aufnahme als Bücherschreiber.

Das Abschreiben von Büchern war ein Teil der Askese. In einer St. Galler Handschrift heißt es: „Es schreiben zwar nur drei Finger, aber der ganze Körper strengt sich an", „Tres enim digiti scribunt, totum corpus laborat". Oft schrieben die Mönche in ungeheizten Räumen. Manche Klosterregeln bestimmten, daß ein Betreten der Küche streng verboten war, es sei denn, man müße gefrorene Tinte auftauen. Der berühmte Benediktinerabt Johannes Trithemius erklärte später die Buchdruckerkunst für ein Teufelswerk und beklagte den ungeheuren Verlust für die Menschheit, sich nicht mehr durch die Askese des Schreibens ewigen Lohn verdienen zu können.

Lange Zeit überdauerte diese ehrfürchtige Haltung gegenüber dem Buch und der Werkstatt seiner Produktion und Aufbewahrung. Die Haltung der mittelalterlichen Schreiber, ihre Arbeit als Gottesdienst zu empfinden, ersieht man noch anfangs des 19. Jahrhunderts. Franz Joseph Weizenegger, damals Mehrerauer Schüler, urteilte über seinen geistigen Vater, Pater Anicet Riedinger (1740-1818), einen Kenner von Schriften und ihrer Sammlung: „Dieser würdige Mann war ebenso arbeitsam und tätig als fromm und gelehrt, so lange er atmete und er wird nach seinem Hintritte aus dieser Welt den Lohn für seine Arbeiten in der ewigen Seligkeit gewiß gefunden haben, denn selig sind die, welche arbeiten, so lange es Tag ist, und im Herrn sterben, weil ihnen ihre Werke folgen." Die Auffassung vom gottgeweihten Tun findet ihren Ausdruck auch in einer als gottgefällig empfundenen Selbstbeschränkung, die sich aus der Inschrift über der Tür zur 1892/94 errichteten Mehrerauer Bibliothek „sapere ad sobrietatem" herauslesen läßt.

Abb. 33: Klosterplan St. Gallen mit Standort der Bibliothek

Bücherburgen. „Ein Kloster ohne Bücherschrank ist wie eine Festung ohne Waffen", „Claustrum sine armario est quasi castrum sine armamentario", lautete eine mittelalterliche Redensart. Noch bis in die Zeit um 1100 war die geistige Kultur Europas fast ausschließlich klösterlich geprägt. Es waren die Klöster, die als einzige Institutionen im frühen Mittelalter wissenschaftlich tätig waren. Sie sammelten und bewahrten Bücher, Handschriften, Literatur aller Art. Der früheste Hinweis auf eine Bücherausstattung des Konvents in der Mehrerau ist in der Chronik von Petershausen zu finden. „Hierher brachte er [Abt Theoderich von Petershausen] auch heilige Gewänder, Bücher und Reliquien, sowohl jene, die vorher von Andelsbuch gekommen waren, als auch viele andere Kostbarkeiten." Das Christentum war eine Religion, die anfänglich durch holz- und steingebaute Gebäude, Klausen, Klöster und Kirchen sichtbar wurde. Das Innenleben dieser Orte trug, schützte und garantierte das Buch. Durch diese „Waffe" verbreiteten die Mönche mit der Lehre Jesu die Ehrfurcht vor dem Buch. Das Christentum maß dem geschriebenen Wort höchste Bedeutung zu. Das Buch der Bücher blieb über Jahrhunderte die Bibel, unangefochten, weil gleichgesetzt mit der Wahrheit.

Die Bedeutung der Bücherfestung ist im Gewicht nachvollziehbar, das der Schreibwerkstatt und dem Speicher, der Bibliothek, zukam. Die verschiedenen Arbeitsbereiche im benediktinischen Kloster finden ihren architektonischen Niederschlag zum Beispiel im St. Galler Klosterplan. Er enthält den ältesten erhaltenen Grundriß einer europäischen Bibliothek und eines Skriptoriums. Sie waren bei der Klosterkirche, im nordseitigen Winkel zwischen dem Ostchor und dem Querschiff, eingezeichnet und trugen die folgenden Aufschriften: Im unteren Geschoß befanden sich die Sitze der Schreiber, im oberen Geschoß der Bücherspeicher. In der Schreibstube waren an den beiden Außenwänden und zwischen sieben Fenstern, die viel Licht hereinließen, wohl Tische mit Stühlen angebracht. An den Innenwänden entlang zog sich eine Bank. In der Mitte stand ein Ablagetisch. Die Lage des Skriptoriums gewährte im Sommer Schatten und setzte die Schreiber keinem diffusen Licht aus. Der Zugang zum Skriptorium erfolgte über das nördliche Querschiff der Kirche. Die darüber gelegene Bibliothek wurde durch das Presbyterium im Mönchschor über eine Treppe erreicht.

Linie gegen Kreis, Buch gegen Rolle. Das christliche Denken und seine Bücher kämpften gegen heidnische Zeitvorstellungen, wie sie in der bäuerlichen Bevölkerung noch nachwirkten. Christentum und Judentum waren Religionen der Zukunft, die auf Visionen und Vorhersagen gründeten. Sie

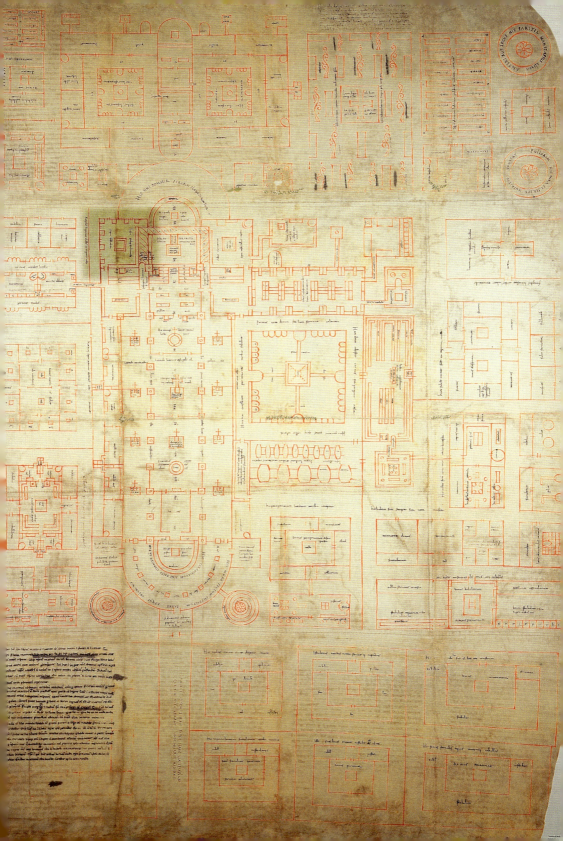

setzten auf ein Vorher, Jetzt und Nachher, eine lineare Zeitvorstellung. Das Lesen des Buchs war „Training" für diese neue Zeitvorstellung.

In diesem Empfinden des Christentums von der Endzeiterwartung war eine Fortschrittsidee verborgen. Sie begünstigte die Schriftlichkeit als Ausdrucksmittel, das Buch als Programm von Denkabläufen. Das Buch war das Gefäß, wo sich der Gedanke, ausgehend von einem Anfang hin zu einem Ende, entwickelt. Das Buch verlangte den aufmerksamen, zielgerichteten Blick von Zeile zu Zeile, von Seite zu Seite. Durch diese Augenarbeit entstand der Zusammenhang des Gesagten als geschriebener Text.

Schriftlich Niedergelegtes sollte Menschen und Generationen überdauern, das ist die Urmotivation der Schrift. Anfänglich wurde auf Stein geschrieben, man denke an die zehn Gebote Mose. Der Bruch der christlichen mit der heidnischen Zeit der Kreise war aber auch in der Buchgestaltung nicht total. In Kreismotiven oder als endlose Kreise im Rankenmotiv fanden ursprüngliche Formen Eingang in illuminierte Initialen mittelalterlicher Handschriften.

Der christliche Informationsträger war der „Kodex", die klassische Buchform, in der Seite auf Seite gewendet wird, während in der Antike die Rolle dominierte. Der Übergang von der Rolle zum Kodex setzte im 1. Jahrhundert n. Chr. ein. Die Gründe, warum gerade die Christen die Buchform vorzogen, sind nicht geklärt. Vielleicht lag die Bevorzugung des Buchs im jüdisch-christlichen Gegensatz begründet. Während die Juden für ihre Heiligen Schriften an der Rolle festhielten, grenzten sich die Christen durch den Kodex bewußt ab. Der Grund kann auch im anderen Gebrauch des Geschriebenen liegen. Die Juden lasen den Text fortlaufend

Abb. 34: Mehrerauer Zinsrodel, um 1340

aus der Thora vor, für Christen hatte das Heilige Buch die Funktion eines Werks, in dem man Seite um Seite wendend das Heilsgeschehen nachschlagen kann.

Die alte Form der Rolle lebt in der Mehrerau in den Zinsrodeln aus dem 13. Jahrhundert fort. Sie enthalten, gegliedert nach Besitztümern des Klosters, Listen über Abgabepflichten, die an bestimmten Daten des Jahres anfallen. Ist es Zufall, daß gerade diese zyklisch, nach Jahreszeiten gegliederten Informationen in der Rollenform gespeichert werden? Es könnte sein, daß die Rolle den „gleichzeitigen" Blick auf die Informationen gegenüber dem linearen, seitenweisen Wenden der Informationen im Buch begünstigte.

Die Buchform entsprach dem neuen Zeitempfinden der Christen. Die Schrift befand sich in einem rechteckigen Raum und auf einer rechteckigen Seite. Die Seite erinnerte an die vier Himmelsrichtungen der Erde. Im Gegensatz dazu stellte der Kreis oder Gewölbebogen die unendliche und göttliche Dimension dar. Die geometrisch gestrenge Viereckform und die zeitlich lineare Disziplin, das Wenden von Seite zu Seite, hatten gesiegt. Der lineare Lesestil des Nacheinander der Zeichen, die intellektuelle Sprachform setzten sich gegen die sinnliche Bildform durch, in der die Zeichen gleichzeitig im Nebeneinander erfaßt und zu Bedeutungen zusammengefaßt werden.

Bücherstürme. Im Buch wird Zeit, Vergangenheit, in die Zukunft fortgeschrieben. Gerade darum kann man in der Geschichte des Buchs Zeitbrüche feststellen. Alte Bücher wurden fortgeworfen oder verbrannt. Weil das Material noch lange Zeit knapp und teuer war, hat man früher Bücher verschnitten und die Fetzen als Makulatur für die neuen, zeitgemäßen Bücher verwendet. Eine erste Phase kann man in der Stadtzeit, in der beginnenden Renaissance beobachten. Der Wert der antiken Bücher gewann gegenüber den mittelalterlichen Schriften.

„Ich fürchte niemanden mehr, als den, der nur ein Buch liest" – dieses Cicero-Wort übertrugen die Humanisten auf ihre geistige Lebensweise. Der Lesehunger und die Anzahl der Bücher wuchsen. Das Interesse der Gelehrten wandte sich antiken Autoren zu. So wurde mit mittelalterlichen Büchern aufgeräumt. Ihre Reste tauchten in neuen Bucheinbänden für antike Autoren auf. Das Mittelalter wurde gewissermaßen zugunsten des neuen Zeitgeists recycled. Eine Hochburg des neuen humanistischen Zeitgeists war Feldkirch. Im Horaz des Feldkircher Humanisten Georg Iserin etwa, der 1887 in die Mehrerauer Bibliothek kam, finden sich noch Makulaturstücke mittelalterlicher Handschriften.

Auch die klösterliche Bücherfestung verschloß sich der Antike nicht. Vergil wurde von christlichen Gelehrten anerkannt, kirchliche und klösterliche Bibliotheken nahmen antike Werke in ihre Regale auf. Antike Autoren wurden in der Manier der Evangelisten auf Buch-Vorsatzblättern mit dem Buch in der Hand dargestellt. Man setzte sich mit Erasmus von Rotterdam auseinander, wie jenes Buch bezeugt, das nach dem enthaltenen Besitzvermerk „hab ich Marx Wittweyler an der Konstanzer Kirchweih 1565 erkauft", 1693 seinen Platz in den Bücherreihen der Mehrerau fand. Erste erhaltene Zeugnisse von Vorarlberger Buchbeständen überliefern zwei Leiheintragungen im Ratsbuch der Stadt Feldkirch 1515, die uns mit wichtigen Beständen der ehemaligen St. Nikolaus-Bibliothek in Feldkirch bekannt machen. Darin finden sich aus dem Nachlaß nach Hieronymus Münzer humanistische Bücher. In der Mehrerau errichtete man unter Abt Gebhard Ramminger am Ende des 16. Jahrhunderts vor dem Ostflügel des Konventgebäudes eine geräumige Bibliothek.

Später, im Umbruch der Aufklärung, entsprachen mittelalterliche Werke nicht mehr dem Geschmack. Da sie auch vom wissenschaftlichen Inhalt her bei weitem nicht die kritischen Ausgaben der Neuzeit erreichten, wurden sie zur Makulatur. Man zerschnitt sie, verwendete sie als Einbände für Zins- oder Rechnungsbücher, benutzte die Handschriftenfragmente für Abdich-

Abb. 35:
Kettenbuch

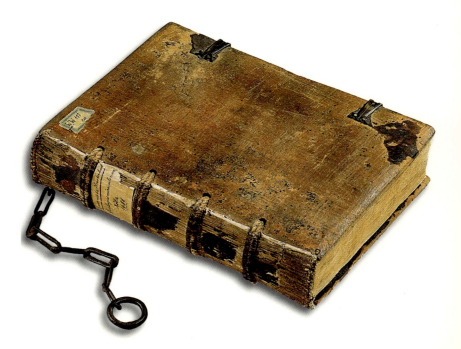

tungen aller Art. Die geistige Überlieferung von Jahrhunderten wurde in vollem Bewußtsein aufgegeben und vernichtet. Geistiger Fortschritt wurde mit beispielloser Kulturbarbarei erkauft.

Kettenbücher. Der Wert des Buches kam nicht nur im Verschneiden und Wiederverwerten zum Ausdruck. Diebstahl war nie auszuschließen. Bereits im Mittelalter boten die Bibliotheken der Universitäten und Kathedralschulen einem erweiterten Leserkreis die Möglichkeit des Zugriffs auf das Buch. Sie waren zum Teil Freihandbibliotheken, bestanden aus kleinen bis mittelgroßen Lesesälen, mit Reihen von Stehpulten, auf denen nach Sachgebieten unterteilt die Bücher lagen. Ein Kuriosum für den modernen Betrachter waren die Kettenbücher (Libri catenati). Um die Ordnung zu wahren und die Bücher vor Diebstahl zu schützen, war am vorderen oder hinteren Einbanddeckel eine Kette befestigt, deren Ende, ein Ring, über eine Stange lief. Ein solches Kettenbuch überliefert auch die Bibliothek der Mehrerau. An öffentlich zugänglichen Plätzen findet man bis heute Computer an der Kette.

Der rheinische Zisterziensermönch Caesarius, Prior von Heisterbach (1180-1240), sammelte in seinem Wunderbuch, das zwischen 1213 und 1224 entstanden ist, nach eigenen Angaben Geschichten aus der Literatur, aus Erzählungen in den Konventsversammlungen, durch eigene Erlebnisse, vom Hörensagen. Der Dialogus miraculorum überliefert in einem Zwiegespräch zwischen einem Mönch und einem Novizen Legenden, Sagen, Erzählungen, Volkswissen und Volksglauben, Heilkunde, Mythologisches, Geschichte, Träume und Prophezeiungen. Im 15. Jahrhundert wurde dem Buch wohl im Zuge einer Hinwendung zu alten Überlieferungen außerhalb der heiligen Schriften erneutes Interesse zuteil.

Populäre Bücher für Andacht und Gebet. Das klösterliche Leben verlief nicht nur in der spirituellen Sphäre, sondern in einem materiellen Umfeld. Das Christentum blieb in die natürlichen Zyklen eingebunden, Brot und Wein wurden in der Liturgie zu Leib und Blut Christi. Zyklische und runde Formen, der Kreis, wurden dem weiblichen Geschlecht zugeordnet, während gerade, strenge Formen, die Linie, dem Mann zugewiesen wurden. Diese Teilung der Geschlechter in der symbolischen Darstellung erkennt man im Relief der hl. Barbara und des hl. Magnus aus Frommengärsch, Schlins.

Der hl. Magnus trägt ein Beutelbuch, wohl ein Gebet- oder Andachtsbuch, wie sie etwa von 1350-1550 in Verwendung waren. Das religiöse

Abb. 36:
Hl. Barbara und
Hl. Magnus
aus Schlins

Buch trat früh als Besitz von Frauen auf. Gebetbücher waren persönliches Eigentum der Frau, die nach ihrem Tod an die Töchter vererbt wurden. Das private Gebetbuch der Laien gesellte sich zum liturgischen Buch. Es übernahm eine Mittlerrolle zu Gott, zum Göttlichen und zu heiligmäßigen Menschen, die Fürsprecher der Lebenden bei Gott waren. Noch zu Zeiten, als der Buchdruck schon erfunden war, entstand das Stundenbuch aus der Tradition mittelalterlicher liturgischer Handschriften. Die mittelalterliche Buchmalerei erreichte eine hohe Kunstfertigkeit in diesem Gebetbuch für Laien, das lateinisch oder in der Volkssprache verfaßt sein konnte. Seinen Kern bildete die Andacht zu Maria, das „Officium Beatae Mariae Virginis", das nach Tageszeiten unterteilt war, dem kirchlichen Brevier gemäß. Den Beginn macht regelmäßig ein Kalender, wie man ihn aus liturgischen Büchern kannte. Stets wiederkehrende Bestandteile sind zudem Allerheiligenlitanei, Bußpsalmen, Gebete und Totenoffizium. Das aufwendig geschmückte, handgeschriebene Gebetbuch gab es noch weit ins 19. Jahrhundert hinein im Bregenzerwald.

Nach der Erfindung des Buchdrucks stieg die Zahl kirchlicher Bücher zur Erbauung der Laien rasch. Breiten Raum nahm der Bibeldruck bis Ende des 15. Jahrhunderts ein; berühmtes Beispiel ist die Gutenberg-Bibel. Ein weitverbreitetes spätmittelalterliches Andachtsbuch, das in rund 250 Handschriften und dann in Drucken überliefert wurde, ist der „Speculum humanae salvationis", in dem Textstellen des alten Testaments als Weissagungen verstanden und mit eingetretenen Ereignissen im Neuen Testament in Beziehung gebracht wurden. Der einst in der Mehrerau vorhandene erste Druck stellt einen lateinischen Text und eine deutsche Version nebeneinander, „die deutsch zung ist für klosterfrawen, und andere andächtig menschen, die do nicht latein versteen".

Abb. 37: Stundenbuch aus Brabant

Abb. 38: Spätbarockes Gebetbuch

Zu den volkstümlichen Umgestaltungen gehörten vor allem die Historienbibeln, die, zum Teil in Reimen und reich illustriert, die dramatischen Höhepunkte des Alten und Neuen Testaments frei nacherzählten und sie zu einer allgemeinen Weltchronik ausschmückten. Oft waren diese Bücher von beträchtlichem Umfang, und sie trugen durch ihre Popularisierung mehr zur Verbreitung des Stoffes bei als die wortgetreuen Übersetzungen. Der Adel und das vermögende Bürgertum liebten etwa die Weltchronik des Rudolf von Ems (1200-1250/54), diese Mischung aus Bibel und Geschichtsbuch, die mit ihren 28 illustrierten Handschriften zu den meistverbreiteten mittelhochdeutschen Schriften zählte.

Trotz der Popularisierung des Buches waren in den privaten Haushalten noch immer sehr wenige Bücher vorhanden. Dies nicht nur wegen der Kostbarkeit der Bücher, sondern auch aufgrund des niedrigen Alphabetisierungsgrades der Bevölkerung. Bibeln oder Heiligenlegenden waren oft das einzige Buch im Haus, auf deren Buchdeckel oder Vorsatzblättern wichtige Familiendaten eingetragen wurden. In der Mehrerau wird eine von Dr. Joh. Dietenberger herausgegebene Bibel verwahrt, die gewissermaßen als Zeitspeicher der Familie Geburts- und Todesdaten der Familienmitglieder vermerkt.

Das Buch der Stadtzeit. Nicht nur Gebet und Gottesdienst waren für die ewige Seligkeit dienlich, Unterstützung im Jenseits konnte man sich im Zeitalter der zunehmenden Geldwirtschaft auch erkaufen. Der Ablaßhandel, der mit als Auslöser der Reformation gilt, war ein Auswuchs des menschlichen Bemühens um das Seelenheil. Der noch lange verbreiteten gläubigen Übung, Jahrzeiten, also Messen für Verstorbene zu stiften, verdanken wir besondere Kalendarien, die in Büchern, den sogenannten Jahrzeitbüchern überliefert sind, die die Zeit nach Sterbedaten vermögender Gläubiger gliedern.

Abb. 39:
Mehrerauer
Jahrzeitbuch

Über den Geist der Stadtzeit mit ihren weltlichen Interessen kündet in Feldkirch ein um 1400 geschriebener Volkskalender. Technische Innovation fand nun besonders in städtischen Zentren statt. Ein Feldkircher Schreiber war es, Johannes Koch, der sich als erster Vorarlberger Buchdrucker betätigte. Sein Werk, „Breviarium Cisterciense" zeigt uns einen akademisch gebildeten Buchdrucker, dessen Wirken entscheidend zum Sieg des Humanismus nördlich der Alpen beigetragen hat.

Den Ausdruck aus der Büchersprache „Tournons la page", „das Blatt wenden", kann man auf die geistige Innovation des Humanismus anwenden. Die Redewendung versinnbildlicht jene Geste beim Lesen eines Buches, die den Wandel der Epoche vollzieht. Das Umblättern markiert den Neubeginn der humanistischen Gelehrtenkultur, die sich zeitlich mit der technischen Erfindung des Drucks verband.

Weil in der Stadtzeit Papier zur Verfügung stand, war eine erste Bedingung für die Massenproduktion durch den Buchdruck geschaffen. Diese technische Innovation stellte nach dem Wechsel von der Buchrolle zum Kodex die zweite große Revolution im Buchwesen dar. Alles schien auf die Erfindung des Buchdrucks hingedrängt zu haben: Mit der Verfestigung des städtischen Bürgertums vergrößerte sich in der Stadtzeit der Leserkreis, die Nachfrage nach Büchern stieg beständig, zunehmend wurde für Handschriften Papier genutzt, die Handschreiberei selbst schlug in professionellen Werkstätten den Weg zur Serienproduktion ein. Auch die Universitäten steigerten den Bedarf an vervielfältigten wissenschaftlichen Werken, die städtische Schreiber produzierten. Seit dem 13. Jahrhundert spiegelte sich im handschriftlichen Buch die fortschreitende Laisierung der Kultur. Die neuen Zentren der geistigen Aktivität waren nicht mehr die Klöster, sondern die Universitäten, Städte und Höfe. In Vorarlberg vermittelte die Feldkircher Lateinschule mindestens ab 1400 als weltliche Institution Bildung.

Geschichtsschreibung, wenn auch sich langsam von der Theologie lösend, blieb doch noch längere Zeit von ihr beeinflußt, wie etwa die Epochenbestimmung bei Gabriel Bucelin zeigt. Die Beschäftigung mit vergangener Zeit hatte seit der Scholastik ihren Platz in den Artes und wurde im Rahmen des Trivium gelehrt. Das Zeitalter des Humanismus wertete die Geschichtsschreibung auf, sie blieb aber dienendes Fach im Fächerkanon. Göttliche Vorsehung hatte noch lange ihren Platz darin, Gott bestimmte über die Völker, eine Vision wie sie der „Discours sur l'histoire universelle" von Bossuet 1681 meisterhaft entwickelte. Jurisprudenz und Medizin emanzipierten sich von der Theologie und wurden zu eigenen Unterrichtsfächern an der Universität.

· X ·

XCIII. Das menglich Recht mess und Recht gewäg hie haben sol.

Wir habint och durch besunder notdurfft uffgesetzet das menglich Recht mess und Recht gewicht hie sol haben an allen dingen die man misset alder wigt, wer das nit hat und in sinem gewalt unrecht mess ald unrecht gewäg funden wirt, damit er gemessen alder gewegen hät, der sol das der Statt bichten und bessren mit X ℔ d ald mit der hand.

XCIV. Das enkain gest wälüt, kramer, noch ander lüt die nit Burgkrecht hie hand, kain ruch noch kramerÿ hie vail haben sond dan an den margt tagen. ꝛc.

Der Amman und der Rat hand och uffgesetzet das enkain gest wälüt kramer noch ander lüt die nit Burgkrecht hie hand kain ruch noch kramerÿ nit vail sond haben in der wochen den an dem zinstag untz morndes an die mitwochen ze mitten tag ungevärlich. Alß wer die gesetze brichet der git X ℔ d an die Statt. Doch ist den Täller kramerÿ ir gewonhait darin behalten und uffgenomen also das die wol vor der kirchen uffligen mugent, alß das von alter her sittlich und gewonlich gewesen ist.

Ouch ist allen gesten unser Jarmärkt frÿhait und gůte gewonhait darin behalten und uffgenomen als von alter her gewonlich gewesen ist.

XCV. Wie man das fúr offnen und beschrÿgen und es nit verschwigen noch haimlich underdrucken sol.

Wir habint och durch gůt und besunder notdurfftig besorgnuß wegen des fúres uffgesetzet in wes hus fúr uffgat es sÿ tages oder nachtz, ist das es der selb huswirt alß die hußfrow knecht oder dirn git offenlich beschrÿgent mit lutem geschraÿ und uff rúffen ê sÿ sin erst innen werdent, der sol es bessren der Statt mit X ℔ d an all gnad. Es sÿ dan das sÿ sich mit dem aid entschlahen mugint, das sÿ in dem hus umb das fúr nit gewisst habint, und das es ander lüt geoffnot habint ungevärlich.

XCVI. In wes kachelofen oder uff wes vor asen man nachtz nach der Schnitglogken schÿer vindet.

Wir habint och aber durch gůt notdurfftig besorgnuß wegen des fúres uffgesetzet, in wes kachelofen oder uff wes vor asen man nachtz nach der Schnitglogken schÿer vindet, der sol iij ß d an die Statt ze Bůß haben, und dem der die Eschen vindet und darzů gesetzet ist j ß d.

XCVII. In wes Backofen man nachtz schÿr vindet.

Es ist och gesetzet, in wes Backofen man nachtz schÿr vindet, das das ofen ÿsen nie dar vor ist, der sol das Bessren der Statt mit V ß und dem der sÿ vindet un darüber gesetzet ist mit j ß d.

XCVIII. Das niemant in kainen Backofen fúren sol nach vesper untz das a mitti nacht gelütet wirt.

Es sol och niemant in kainen Backofen füren nach vesper untz das man am Glogken ze Sant Niclaus ze mitnacht lütet, alß wer die gesetze brichet, der sol das d' Statt bessren mit j ℔ d.

XCIX. Das kain Schmid kain fúr in sin esse legen sol vor Sant Niclaus ay eti. ꝛc.

Es sol och enkain Schmid es sÿe int kupferschmid huff schmid alß ander schmid, kain fúr in sin Ess legen vor Sant Niclaus ay eti und sol och nach schmid glogken enkain hitz me tůn es wäri den das er under dem ungevärlich ain ÿsen in der Ess hett so mag er die selben hitz wol uff schlahen das er under dan ungevärlich ain ÿsen in der Ess hett, welcher aber die ordnung und gesetze anders überfůre der sol das bessren der Statt mit v ß d und der Statt knecht der das für geschouwet mit j ß d.

Die Feldkircher Grafen Ulrich und Rudolf von Montfort studierten zu Beginn des 14. Jahrhunderts bereits Rechtswissenschaft an der Universität Bologna und veranlaßten wohl jene Aufzeichnung städtischer Rechtssatzungen in ihrer Stadt, die heute noch in Pergamenthandschriften erhalten ist. Sie legen auch Zeugnis ab vom Empfinden und Nutzen der Zeit durch die städtischen Bewohner. Für Händler und Handwerker galten künstlich geschaffene Zeitpunkte; die kirchliche Zeit wurde von der St. Nikolauskirche und die weltliche Zeit von der Marktglocke, dem Bläsi, verkündet. Bis heute erinnert die Vesperzeit an die Gebetszeiten. So wurde bestimmt: „Es sol och niemant in kainen bachofen füren noch vesper, untz (bis) das man ain gloggen ze sant Niclaus ze mitternacht lütet."

Abb. 40: Feldkircher Stadtrecht, 1399 (Heraushebung der Abschnitte über Glockenzeichen)

Die Handschriftenherstellung ging aus den Händen der Mönche in die der gewerbsmäßigen Schreiber in Städten oder an den Universitäten über, parallel zum Übergang der wissenschaftlichen Arbeit von den Klöstern an neue, weltliche Institutionen. Neben Schreibern waren übrigens auch Schreiberinnen tätig. Eine Episode aus dem 13. Jahrhundert berichtet von einem Handschriftenschreiber namens Corradiosus in Bologna, dessen Tochter Christiana bei den Schreibarbeiten mithalf.

Welt im Buch. Dem Diesseits zugewendet wurde das Buch zum Medium des forschenden Geistes, nachdem die kirchliche Verketzerung der Bindungslosigkeit als Voraussetzung für Aus- und Aufbruch schwand. Auch Wissenschaftlichkeit nahm ihren Weg hinter die Klostermauern. Erstaunlicherweise können als die größten Bewunderer Newtons der Papst und Voltaire gelten. Die Weltzeit war durch einen weiten geographischen Blickwinkel gekennzeichnet. Reiseberichte wurden Teil einer neuen Weltsicht, die Zeit war von Schaulust und Neugier geprägt. Hier berührte das Interesse an Atlanten und Karten jenes an illustrierten Beschreibungen fremder Länder und Städte. Reisen war für die meisten Menschen jener Zeit zwar nicht möglich, um so größeren Reiz übte aber die Ferne aus, die Entdeckung des Exotischen und Fremden. In Köln erschien von 1574-1618 das Städtebuch des Theologen Georg Braun, der im Dienste der Kirche die Welt bereist hatte. Sein Werk zieren detailreiche Kupferstichansichten von mehr als 400 Städten aus aller Welt, die von Frans Hogenberg und seinem Sohn Abraham gestochen wurden.

Berichte und wissenschaftliche Erkenntnisse wurden im Buch niedergelegt, Wissen wurde zur Materie. Losgelöst von der Identität ihres Autors verbreiteten sich die wissenschaftlichen Gedanken im Buch über große Distanzen und wurden zur Voraussetzung für darauf aufbauende Gedanken. Neben dem Buch war es der Schriftverkehr, der Austausch über weite Distanzen erlaubte. Die Ausweitung des Bewußtseins durch Orts- und Standpunktveränderung vollzog sich zunächst durch das Medium Literatur fiktiv. Die gleiche Bedeutung hatte der Briefwechsel, der den Gebildeten die Möglichkeit bot, ihre isolierte Existenz zu überwinden.

Der Feldkircher Humanist Michael Hummelberg (1487-1527) pflegte Korrespondenz mit Melanchthon, Zwingli, Beatus Rhenanus, Reuchlin und war mit W. Pirckheimer sowie dem Augsburger Conrad Peutinger befreundet. Auch Pater Gabriel Bucelin (1599-1681), 30 Jahre bis zu seinem Tod Prior des Klosters Weingarten in Feldkirch, hinterließ einen großen Briefwechsel nebst 53 Büchern, darunter ein riesenhaftes historisches Werk, wovon Teile auch in der Mehrerauer Bibliothek vorhanden sind.

Den Briefkontakten Apronian Huebers aus der Mehrerau verdanken wir übrigens die Kenntnis einer Reihe von Werken der klösterlichen Bibliothek

Abb. 41: Jakob Mennel, Charta fundatorum, 1518

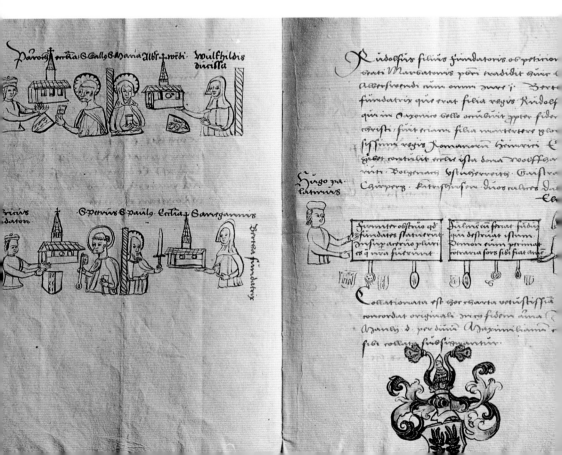

zu seiner Zeit, die wenige Jahrzehnte danach, bei der Aufhebung des Klosters 1806, ein Raub der Flammen wurden. Auch der Mehrerauer Mönch und Historiker Franz Joseph Weizenegger (1784-1822) hatte enge persönliche und wohl auch briefliche Kontakte zu den ihm gleichgesinnten Forschern Joseph von Lassberg, Ildefons von Arx, St. Galler Geschichtsschreiber, Stiftsbibliothekar und Archivar P. Johannes Nepomuk Hauntinger.

Gleichzeitig verstärkte sich das Interesse weltlicher Mächte an der Historiographie. Könige schufen Posten für Hofhistoriographen, deren Aufgabe es war, die Leistungen des Herrschers zu glorifizieren, zum Beispiel die Herrschaftsansprüche der Hohenemser Grafen zu rechtfertigen. Dieser Aufgabe diente etwa der erste Vorarlberger Druck, die sogenannte Emser Chronik. Im Kloster Mehrerau ordnete wenige Jahrzehnte danach P. Franz Ransperg (1609-70) als Archivar und Bibliothekar das Archiv neu und sammelte historisches Material über das Stift und die Umgebung. Die Mehrerau besitzt von Ransperg ein reichbemaltes Wappenbuch der Habsburger. Bekannt sind vor allem sein Werk „De origine et fundatione beneficiorum monasterii Augiae maioris" 1656, seine „Historische Relation" 1656 und seine Geschichte der Mehrerau zur Zeit des Dreißigjährigen Krieges, die handschriftlich überliefert sind.

Weizenegger, der von 1802-1805 das Gymnasium des Benediktinerklosters Mehrerau besucht hatte, wo zu dieser Zeit Logik und Metaphysik von Weber und Ruess, die kantische Kritik und Christian Wolf gelehrt wurden, wandte sich dann von den Gedanken der Aufklärung ab und fand zu einer romantischen Verklärung des Mittelalters, zum Traum gegen das Industriezeitalter zurück. Der Verfasser des ersten landeskundlichen Werkes über Vorarlberg gilt auch als erster wissenschaftlich arbeitender Historiker des Landes. Er durchsuchte die Akten des aufgelösten Benediktinerstiftes Mehrerau und das Stadtarchiv Bregenz. Bei der Behandlung von Urkunden, so berichtet sein Schüler und Herausgeber des Werkes, Merkle, habe er des öfteren berichtet: "selbst gesehen, selbst gelesen", „ipse vidi, ipse legi". Hinter den vier lateinischen Wörtern verbergen sich Stille und nächtelange Forscherarbeit, also sehr viel investierte Zeit.

Beschleunigung. Die Romantik formte den Gegentraum zur fortschreitenden Technisierung und Entfremdung von der Natur, zum vorwärtsgerichteten Fortschrittsdenken, das dem Jahrhundert zahlreiche Innovationen bescherte. Nach Versorgungsengpässen seit 1780 erschien ab 1840 als Beschreibstoff ein neues Papier, das nicht mehr aus Lumpen, sondern aus Zellulose hergestellt wurde. Die Beschleunigung der Zeit fand auch in der

Abb. 42: Karte des Brief-
wechsels von
Prior Apronian
Hueber, 1719-53

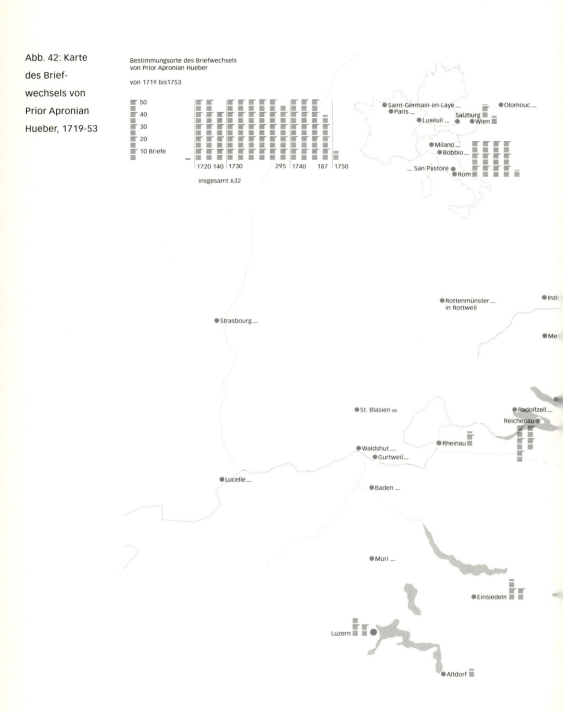

151

Abb. 43: Darstellung einer Lesemaschine, 1588

Buchherstellung statt, wo in rasantem Tempo neue Etappen der Rationalisierung aufeinanderfolgten. Die Mechanisierung der Pressen brachte schnelleren Druck, die Entwicklung vom Hand- zum Maschinensatz schnelleres Setzen, der maschinengefertigte Verlagseinband rationalisierte das Buchbinden, neue Bilddruckverfahren wie Stahlstich, Holzstich und Lithographie brachten eine Beschleunigung in der Illustration des Buches. Die Notwendigkeit zu rascherer Buchproduktion erwuchs aus enorm steigendem Bedarf. Während der Analphabetismus im 17. Jahrhundert mit 70 Prozent angenommen wird, sank er von 53 Prozent im Jahre 1832 auf 8,5 Prozent im Jahre 1892.

In allen Lebensbereichen hatten die Produkte der Schriftlichkeit enorm zugenommen. Schon im 16. Jahrhundert machte man sich Gedanken über eine Lesemaschine. Kant beklagte bereits die „Sintflut von Büchern", womit „unser kleiner Weltteil jährlich überschwemmt wird". 1953 stellte sich der Jurist Hermann Jahrreiß jene Unmenge von Gesetzen vor, die seit der Gründung des Deutschen Reichs, also in etwa 80 Jahren entstanden war: „Ich wollte, es stünden hier vorn in langen Reihen, unter mir, neben mir, über mir wie eine Querwand in dieser großen ehrwürdigen Halle die mehreren tausend hohen und oft unmäßig dicken Bände, und dann müßte sich ein Band nach dem anderen aus der Reihe herausschieben, sich in Ihrer Augenhöhe auf den Rücken legen, sich aufschlagen und fächernd umblättern, daß Sie die Millionen von Artikeln und Paragraphen hinrieseln sähen. Staunende Achtung vor solcher Produktion an Vorschriften." Mit dieser beschleunigten Buchproduktion einher ging die beschränkte Lebensdauer des Produkts, im juristischen Kontext als von Jahrreiß als „riesige Paragraphen-Wanderdünen" bezeichnet, zwischen denen nur wenige „Oasen langlebiger Gesetze als vertraute Ruheplätze liegen".

FIGVRE CLXXXVIII.

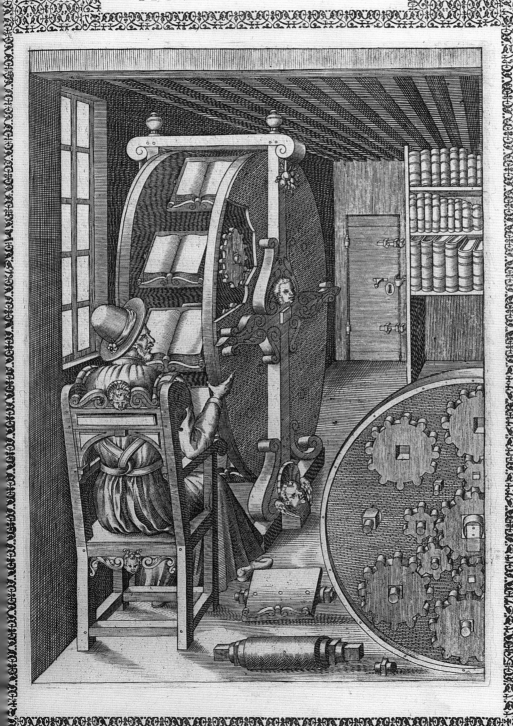

Das Zeitrad der Philosophen
Meilensteine der Erfindung von Zeit
Hans-Peter Meier-Dallach

Abb. 44: Darmstadt-Haggadah

In einer Miniatur aus dem frühen 15. Jahrhundert begegnet man einer besonderen Stimmung. Die Menschen befinden sich in einem Gebäude, das, in mehrere Etagen aufgeteilt, fast wie ein moderner städtischer Bahnhof anmutet. Die Leute versammeln sich um Bücher, blicken konzentriert auf geöffnete Seiten und disputieren. Grenzüberschreitungen sind offensichtlich. Frauen und Männer, Juden und Christen sind im Gespräch.

Das Bild strahlt die Würde aus, wie Zeit im Buch gespeichert ist. Es beansprucht Ruhe und Aufmerksamkeit. Wenn man liest, tastet man über Buchstaben zu Wörtern und Sätzen. Das Lesen gleicht einem Strahl den Zeilen entlang und legt eine Spur durch das Ungewisse. Er weckt die Erinnerung an die gelesenen Sätze, Zeilen und Seiten. Auf ihn trifft der Strahl aus der Zukunft, der Erwartungen an die kommenden Zeilen. Dort, wo sich die beiden, Erinnerungen an das Gelesene und Erwartungen der kommenden Lektüre, treffen, findet die Gegenwart statt. Die Lektüre ist eine innere Zeitreise.

Philosophisch kann man dieses Bild aufnehmen, um über Zeit nachzudenken. Die Erfindung der Zeit ist die Geschichte eines Buchs. In dieses lassen Menschen die Vergangenheit einfließen. Sie kreuzt sich mit den Erwartungen an die künftigen, noch unbekannten Seiten der Geschichte. In der Miniatur entsteht dank diesem Zusammenstoß ein Stück spannende, lebende Gegenwart, das Gespräch und der Diskurs. Damit sie leuchten, die Bücher, ut luceant, hieß es im Mittelalter. Das Buch leuchtet hinaus und schafft Öffentlichkeit.

Rund 450 Jahre später herrscht eine andere Zeitstimmung. Auf den ersten Bahnhöfen gab es zwischen Ankunft und Abfahrt alles andere als Ruhe. Die Wartezeit war Kampfzeit, um noch einen Imbiß zu ergattern oder ja den Zug nicht zu verpassen. Im Zug herrschte Gedränge. Der Bahnhof ist geprägt durch Ankünfte, Warten, Abfahrten, eine besondere Matrix. In sie strömen Menschen ein, die sich von der Vergangenheit verabschieden. Die Fahrt erleben sie als Erwartung der Ankunft an einem Ziel in der Zukunft. Bahnhöfe organisieren Zeit. Der Bahnhof in Buchform ist der Fahrplan, ein Abfallprodukt des Buches. Wir lesen es nicht mehr, sondern schlagen hektisch nach. Irgendwann haben die Menschen begonnen, die Zeit aus dem Buch heraus zu nehmen und in Systeme umzusetzen.

Moderne Menschen würden sich in der Miniatur aus der Darmstadt Haggadah völlig anders benehmen. Sie haben nicht Bücher, sondern Prospekte, Illustrierte, Natels, Labtops und lauter technische Apparaturen vor sich und sitzen an runden Einzeltischchen. Unsere aktuelle Weltzeit wird

durch technische Systeme organisiert. Man könnte sie zum Beispiel als riesigen Weltfahrplan auffassen, der die Abfahrten, Ankünfte und Wartezeiten aller Bahnhöfe, Flughäfen und motorisierten Haushalte enthält. Dieser globale Weltzeitplan ist übrigens datentechnisch heute kein großes Problem mehr, obwohl diese Megamatrix unvorstellbare Ausmaße angenommen hat. Sie ist benützerfreundlich zugeschnitten, auf Minute und Sekunde standardisiert und organisiert – sie formt Systemzeit. Prognosen lauten in die Richtung, daß sie jährlich enorm wächst und zugleich von den Menschen mehr benützt wird. Die Lebenszeit wird immer mehr Bewegungszeit. Die Bleibezeit an einem Ort, gelebte Vergangenheit oder Zukunft, scheint bei einer Mehrheit gegenüber der Reisezeit zunehmend abzusinken.

Wenn man in der Geschichte zurückblättert, sieht man, wie die Zeit langsam vom Buch in die Systeme hineinwächst. Denker haben diese Entwicklung vorweggenommen, lange bevor die Ingenieure sie in Taten umsetzten. Die Geschichte dieses Denkens ist faszinierend. Unsere historische Exkursion führt zurück zu Meilensteinen, zu Persönlichkeiten, die an der Systemzeit gearbeitet haben. Sie haben versucht, Zeit in Ordnungen und Systeme einzuschließen, zu verorten und zu regulieren. Noch früher, in der Antike bis ins Mittelalter, waren dies Seinsordnungen, kosmische Heimaten, wie sie zum Beispiel Dante beim Austritt aus der Hölle erblickt: „Das schönste Bild durch einen runden Spalt haben wir vor uns und sehen wieder Sterne", „tanto ch'io vidi delle cose belle che porta il ciel, per un pertugio tondo; e quindi uscimmo a riveder le stelle".

Immer wieder sind aber Kämpfer aufgestanden, die Zeit durch Taten, Willen, neue Ansätze aus den Ordnungen und Systemen zu befreien. Systeme waren für sie Gefängnisse. Wir folgen wichtigen Stationen dieser Auseinandersetzung zurück in die Vergangenheit. Wir setzen in der Epoche an, in der Fortschrittsideen den Takt angaben. Die Systeme, die Bahnhöfe, hatten schon die ersten Erfolge erzielt und entwickelten sich ungeheuerlich schnell.

Von Lenin zum Gelächter bei Rabelais. Karl Marx schaut recht sanft aus den Portraits. Er war der Erfinder eines Gesellschaftsbilds, das an einen Bahnhof erinnern kann. In ihn strömten die arbeitenden Massen ein. Zunehmend lernten sie die Gegenwart neu zu verstehen. Sie begriffen sie als Warteraum für die Ankunft der Revolution. Es war die Vision einer Systemzeit, welche die Individuen zu einer gemeinsamen Zukunft verband. Doch die Systemzeit war zu sehr ein Fahrplan, der Schwachstellen zeigte. Er verlockte die Massen und ihre Führer zum Abwarten, bis die Gegenwart reif

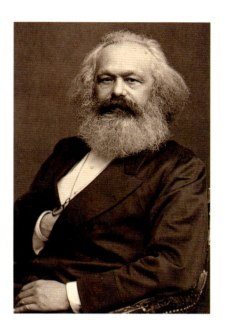

Abb. 45: Marx
Abb. 46: Lenin

würde, um dann im Umsturz Zukunft zu werden. Die große Hoffnung auf den großen Zug der Geschichte trieb den Tatendrang aus.

Lenin brach aus dieser Wartestellung aus und führte proletarische Tatzeit ein. Sie öffnete die Augen für Möglichkeiten, die im System nicht vorgesehen waren. Er trieb die Massen aus dem Wartsaal, den Marx gebaut hatte, auf die Barrikaden. Die orthodoxen Glockenschläge begannen früh in unserem Jahrhundert über Moskau und Kiew zu schweigen und machten hier den Fabriksirenen Platz. Die Revolution brach nicht dort aus, wo man auf sie wartete, in den hochentwickelten Industrieländern, etwa in England, Frankreich oder Deutschland. Die Oktoberrevolution erschütterte das bäuerliche Rußland. Zeit wurde ausgerechnet in einem Land radikal neu gestaltet, in dem Intellektuelle über die Last der Traditionen klagten. Das Zeitrad beschleunigte sich dort, wo die Vergangenheit im ewigen Stillstand zu verharren schien.

Am 14. November 1831 starb Hegel im Kreis seiner bürgerlichen Familie in Ruhe und Würde. Mit ihm verblich der wohl größte Systemerbauer der Philosophie. Hegel ließ den Weltgeist im Orient erstehen, um ihn, natürlich im europäischen Okzident, zur Reife gelangen zu lassen. Ausgerechnet die Cholera, die zu dieser Zeit aus dem asiatischen, slawischen Osten nach Deutschland gewandert war, holte ihn aus dem Osten wieder ein. Zur Zeit Hegels gab es noch kaum Bahnhöfe, wohl aber Bauern-, Fürsten- und

Abb. 47: Hegel
Abb. 48: Nietzsche

Kasernenhöfe. Das Spiel der Begriffe und Vorstellungen, mit denen Hegel seine Geschichtsphilophie füllte, ließ noch nicht ahnen, daß aus dem Fortlauf des Weltgeists durch die Stadien der Geschichte eiserne Schienenstränge würden. Den Triumph feierten die technischen Systeme, welche die Weltmatrix unseres Zeitalters ausmachen. Hegel war ein Gegenträumer, der im Fortschrittstraum der Ingenieure vergessen ging.

Nietzsche sprang in die Löcher und Zwischenräume des Hegelschen Systems. Als intellektueller Tatmensch zerstörte er die Versuchung zum großen System radikal. Um dies auszudrücken, wechselte er die Sprache und schrieb in dichterischer Form. Sein Gegentraum war romantisch. In den Vordergrund rückte er das Leben, die Tat, die große Persönlichkeit. Die radikale Wirkung seines Ansatzes sah er selbst voraus: „Mit meinem Namen wird sich die Erinnerung an die große Krise verbinden, welche noch nie da war auf Erden, der tiefste Gewissenskonflikt, die Abkehr von allem, in was bisher geglaubt wurde, was man anstrebte und hochhielt. Ich bin kein Mensch, ich bin Dynamit." Nietzsche, an der Syphilis erkrankt und schizophren geworden, fuhr bereits mit Dampfzügen nach Sils im Engadin. Der Rauch, „der stets den kältern Himmel sucht", mußte ihm aus der Fahrperspektive bekannt gewesen sein. Er wurde als Schweif über und neben dem Zug im Tempo flach gezogen.

Die Scholastik war zusammengebrochen, der Barock begann sein Formenspiel an Kirchen, Klöstern oder Höfen, und die Weltzeit war im Anzug. Descartes nahm dies zum Anlaß, im 17. Jahrhundert an seiner Zeit und an Gewißheit gründlich zu zweifeln. Auch ihm mußte der definitive

Abb. 49: Descartes
Abb. 50: Pascal

Abschied von der Heilszeit schwerer gefallen sein, als wir uns dies heute vorstellen. „Ich denke, also bin ich". Diese Gewißheit, zusammen mit Lesen und Schreiben tagelang im Rückzug am warmen Ofen, genügte ihm, um die Grundlage für die große Matrix der neuzeitlichen Wissenschaft zu schaffen. Im cartesianischen Koordinatensystem wurde die Zeit zu einer linearen Achse – berechenbar gemacht. Die Zeit ratterte nicht mehr mit der holprigen Bewegung von Kutschenrädern. Sie wurde kontinuierlich. Eine neue Ära für die Erbauer der Matrix und der späteren Bahnhöfe war eingeleitet.

Pascal erschrak vor der ehernen Einsamkeit und dem Ungenügen der mathematischen Zeit. Seine Bilder in den „Pensées" lassen den Sucher zwischen den großen Achsen spüren, welche die Vernunft durch den Kosmos zu ziehen begann: „Der Mensch ist ein schwaches Schilfrohr, das aber denken kann", „L'homme c'est un roseau, le plus faible de la nature, mais c'est un roseau qui pense". Er suchte die verlorene Ewigkeit zurückzuholen. „Notre imagination nous grossit si fort le temps présent, et amoindrit tellement l'éternité, que nous faisons de l'éternité un néant, et du néant une éternité; et tout cela a ses racines si vives en nous, que toute notre raison ne peut nous en défendre." Pascal mutet an wie ein moderner Kritiker der Weltverkehrsmatrix. Großbahnhöfe sind Beispiele für Systeme, die Lebenszeit in Reisezeit verwandeln. Lebenszeit, das geschenkte Stück Ewigkeit, verkommt zu einer „nichtenden" Gegenwart, die Menschen umhertreibt, ohne mehr eine Bleibe finden zu können.

„Omnis clocha chlochabilis, in clocherio clochando, clochans chlochativo clochare facit clochabiliter clochantes. Parisius habet clochas. Ergo gluc."

Abb. 51: Rabelais

„Toute cloche est une cloche." – Ich bitte die Leserschaft, diesen Text nicht zu übersetzen, sondern vor sich her zu buchstabieren und kräftig zu lachen! – Rabelais verspottete in diesem Lied über die scholastischen Glocken das theologisch-philosophische System, das Thomas von Aquin in Filigranarbeit zusammengebaut hatte. Rabelais stellte Riesen, organismische Supermenschen der Tat und des Willens gegenüber. „Fay ce que vouldras", „Mach, was Du willst". Rabelais Riesen erstürmten die Zukunft als Helden aus Fleisch, Blut, Tatendrang, Leidens- und Liebesfähigkeit. Abstrakte Kategorien für Zeit waren ihnen ein Graus. Souverän gingen die Riesen von Rabelais mit der Zeit um: „Die Stunden sind für den Menschen gemacht und nicht der Mensch für die Stunden", „Les heures sont faictez pour l'homme, et non l'homme pour les heures". Sie verlachten alles, was nach System roch und strotzten vor Tatzeit.

Nichts vermag in der Bilderwelt von Rabelais an unsere modernen Superbahnhöfe zu erinnern. Mit einer Ausnahme – die gigantischen Ausmaße, die sie heute einnehmen. Auf Besuch in Paris berechnete der Riese die Menge Urin, mit der er Paris auf seiner Eskapade beglückt hatte. Man stelle sich vor, was heute an einem einzigen Tag im Hauptbahnhof einer Großstadt aus Restaurants, Hallen und Konsumetagen in den Untergrund rauscht. Dies alles ist unsichtbar, versiegelt und geruchsfrei abgeschottet. Die moderne Systemzeit will nicht daran erinnern, daß Tatzeit immer irgendwann im Organismus, im Willen und Wollen von Fleisch, Lust oder Askese entsteht.

Vom antiken Zeitkreis zur christlichen Tatzeit. Vor 2400 Jahren formulierte Platon im „Timaios" die Theorie der Zeitkreise. Sie gehört zu den schönsten und eindrücklichsten Bildern der Menschheitsgeschichte. „Der Vater, der das All erzeugt hatte, beschließt ein bewegtes Bild der Ewigkeit zu machen, und bildet, von der in der Einheit beharrenden Ewigkeit ein nach der Zahl sich fortbewegendes Abbild, nämlich eben das, was wir Zeit genannt haben. Zufolge solcher Betrachtung Gottes über die Zeit entstanden, damit diese hervorgebracht werde, Sonne, Mond und die fünf anderen Sterne, welche den Namen der Planeten tragen, zur Unterscheidung und Bewahrung der Zeitmaße und setzte er sie ihrer sieben in die sieben Kreise hinein."

Platon hatte einen Grundstein zum Zeitverständnis der Antike gelegt. Er setzte die Zeit als Bewegung, die als Bild der Ewigkeit sich kreisförmig inszeniert. Auf dieses Gedächtnis griffen viele spätere Denker zurück, wenn sie sich mit Zeit, Vergangenheit und Zukunft beschäftigten. Das harmonische

Bild der Kreise schuf eine Zeit, in der sich der Mensch in der Mitte des Kosmos beheimaten konnte. – Als Zeitgenosse ist man erstaunt, in welch andere Richtung sich der Zeitkreis entwickelt hat. Anstatt still zu stehen und sich selbst zu genügen, verwandelte er sich ins Zeitrad, in die Geschwindigkeit und Beschleunigung der modernen Verkehrssysteme.

Fast scheint man bei Ambrosius im 4. Jahrhundert etwas Angst herauszuspüren, daß die Harmonie in der ewigen Kreisbewegung eintönig werden könnte. Doch blieb er von ihr fasziniert: „Ewiger Weltengründer, der du über Tag und Nacht herrschest, und die Teilung der Zeiten vornimmst, die Eintönigkeit erträglich zu machen." Der Wechsel der Zeiten blieb so erträglich, daß keine Reisen nötig waren. Tastächlich war die antike Harmonie der Zeitkreise schwer zu erschüttern und fand durch das ganze Mittelalter prominente Vertreter. Zu stark war die Resonanz der großen Dichter Roms, die aus den Hymnen des Horaz bis heute nachempfindbar bleibt: „Was morgen sein wird, meide zu fragen", „Quid sit futurum cras, fuge quaerere". Aufbruchstimmung zu einer ungeahnten neuen Zukunft wurde abgewiesen. Erinnerungen im Heute, der Kreislauf des Gewohnten und Vertrauten, waren begehrt.

Boethius lag im Gefängnis. Die Philosophia, eine Frau, besuchte ihn im Gefängnis und bewahrte ihn vielleicht vor der Versuchung, in die radikale, schwarz weiße Sicht der Heilszeit zu verfallen. In ihm sprach das antike Gedächtnis so mit, daß man ihn als Anwalt der platonischen Zeitkreise und als „vernünftigen" Christen verstehen konnte. Boethius vollbrachte ein erstes intellektuelles Wunder. Als Gefangener geächtet, schritt er nicht zur Tat, sondern arbeitete an einem Systemansatz. Gleichgewichte waren ihm wichtig. „Du verbindest durch Zahlen die Elemente, auf daß Kälte und Feuer, Trockenes und Flüssiges sich vertragen, du fügst die Seele, die Mitte der Welt ist und alles bewegt, in ihrer dreifachen Natur zusammen und verteilst sie in harmonischen Verhältnissen." Boethius war kein wütender gefangener Prometheus, sondern arbeitete geduldig jener Matrix zu, die im Mittelalter Karriere machen sollte.

Abb. 52: Philosophia tröstet Boethius

Das Christentum zerriß die antike Tradition im lateinischen Teil des damaligen Europa radikal. Tertullian gab die Antwort auf den Sinn der Zeit im Kraftfeld des Glaubens, des Engagements und Vertrauens in die paradoxe Tat: „Ich glaube, weil es absurd ist", „credo quia absurdum". Die dramatischen und skandalösen Ereignisse und Glaubenssätze von und um Tatmenschen des Frühchristentums – Gott stirbt am Kreuz! – setzen neue Zeit. Die Geschichte der Tatzeit hatte begonnen, die zur Heilszeit wurde.

Im Osten schreckte man wie schon Boethius vor dem Bruch mit der antiken Harmonie der Zeitkreise zurück. Diese Rückkehr ins Gedächtnis ist in den Ikonen lesbar, in den orthodoxen Chorälen bis heute hörbar geblieben. Die Töne füllen Raum und bespielen ihn. Die Befreiung der neu erfundenen Zukunft von der vergangenen Ruhe in der Zeit der Kreise erfolgte besonders im östlich-byzantinischen Reich unvollständig. Bis heute ist dies in den orthodoxen Gesängen im slawischen Raum spürbar.

Abb. 53: Augustinus

Es sind die Chorwerke der lateinischen Mönche, die später dem neuen „Lied der Zeit" folgten. Die neue Musik befreite sich vom Raum, wurde eine selbständige, sich bewegende Kraft, die sich den Traditionalisten im körperlichen Verhalten anzeigte. Verrenkungen der Sänger und Chöre wurden von den Gegnern dieser neuen azyklischen Musik scharf beobachtet und kritisiert. „Sie eilen, und sie ruhen nicht; sie machen die Ohren trunken, statt sie zu heilen; mit Körperverrenkungen ahmen sie nach, was sie (aus den Noten) hervorbringen."

Augustinus kämpfte mit der Zeit als ungebändigtem Stoff: „Die Zeiten rasten nicht, geschäftig durchziehen sie unsere Gefühle." Vergleicht man die Zeitstimmung der Antike, brach bei ihm Unruhe durch. Die Sprache, in der er die Geschichte des Gottesstaats formulierte, ertönte aus den lebensnahen Confessiones noch subjektiv und existentiell: „Ich verknüpfe das Heutige mit dem Vergangenen, und hierauf gestützt bedenke ich, als wären sie gegenwärtig, meine künftigen Handlungen." Der existentielle Kämpfer wurde aber zum Architekten der neuen Heilszeit. Die Sprache der Konstruktion der sechs Zeitalter, die Scheidung der Zeit des Weltstaates und des Gottesstaates, ließen die Zukunft der Kathedralen vorausahnen. Die Zeit wurde zum Lied. Zu einem Gesamtkunstwerk? – kann man sich mit einem Seitenblick auf Hegels Weltgeistszenario fragen: „Und was bei dem ganzen Lied geschieht, das geht auch bei seinen einzelnen Teilen vor sich und bei den einzelnen Silben, das vollzieht sich auch bei einer längeren Handlung und so auch im ganzen Menschenleben und schließlich auch im ganzen Zeitablauf der Menschenkinder."

Es brauchte „Basisarbeit", die den radikalen Ansatz bei jenen durchsetzte, die im kreisenden Lauf des zufallenden Schicksals lebten. Zu ihnen gehörten die Alemannen, welche die irischen Mönche im Bodenseeraum antrafen. Wahrscheinlich versuchten auch sie, die Zeitfrage agitatorisch für heidnische Fürsten umzusetzen, wie Beda Venerabilis im 8. Jahrhundert erzählt: „König, das gegenwärtige Menschenleben auf Erden kommt mir so vor, wie wenn Du zur Winterszeit mit Deinen Fürsten und Mannen beim Essen sitzt. In der Mitte brennt zwar das Herdfeuer, und der Speisesaal ist warm; aber draußen toben überall Stürme mit Winterregen oder Schnee. Nun kommt ein Spatz und fliegt ganz schnell zur einen Tür herein, gleich darauf zur anderen wieder hinaus. Solange er drinnen ist, packt ihn das Winterwetter nicht, doch hat er nur in einem ganz kleinen Raum für einen Augenblick Geborgenheit. Aus dem Winter gekommen, kehrt er sogleich in den Winter zurück und entschwindet Deinen Augen. So kurz erscheint unser Menschenleben; was folgen wird und was vorangegangen ist, das wissen wir ganz und gar nicht. Wenn nun diese neue Glaubenslehre dazu etwas Zuverlässiges beiträgt, verdient sie wohl, daß man ihr folgt."

Die christliche Zeit war eine Erfindung mit langsamer Ausbreitung. Die neue Zukunft befreite sich nur mühsam von der Vergangenheit der heidnischen Fürsten und Völker. Dennoch bewegte die Heilszeit. Sie versammelte Leute zu Kreuzzügen, das Volk zu Pilgerfahrten, verwandelte Menschen in Mönche und Heilige. Sie forderte Tatmenschen heraus, wie am Bodensee die legendenumwobene Gestalt des Kolumban zeigt.

Er hatte – allerdings bereits zwei Jahrhunderte später – einen Landsmann, der ein Zeitdenker, ein Mystiker des Seins war: Johannes Eriugenes Scotus. Von Irland gelangte er an den Hof des Kaisers, wo die karolingische

Renaissance blühte. Steinernes kunstvolles Flechtwerk bezeugt sie in der Mehrerau. Johannes Eriugenes milderte die radikale Stimmung der Heilszeit und versöhnte sie mit der Tradition der antiken Zeitkreise. Die heilige Schrift verstand er allegorisch, und er machte zwischen Offenbarung und Verstand keinen radikalen Gegensatz. „Niemand betritt den Himmel ohne Philosophie", „Nemo intrat in caelum nisi per philosophiam". Er brauchte nicht Missionar der Heilszeit zu sein, weil Gott das „Alles in Allem" ist. Dem intellektuellen Landsmann des zornigen Kolumban warf man später pantheistische Neigungen vor. In ihm spricht die griechisch-östliche Zuversicht, daß der letzte Wassertropfen aus dem riesigen Strom der Schöpfungsgeschichte, der im Sand hängen bleibt, von Gott wie von der Sonne wieder aufgesogen und zurückgenommen wird. Sicher hätte dieser Ire über Kolumbans stürmisches Tatengefühl gelächelt, wenn er sein Ruderlied gelesen hätte, das man Kolumban zuschreibt: „Eure Seele, ihr Männer, lasse im Gedenken an Christus ein „Heia" erschallen! Fester Glaube und heiliger Eifer überwinden alles!"

Augustinus wurde später im Mittelalter zwar im Bild als Bezwinger des Aristoteles, des antiken naturwissenschaftlichen Zeitbilds dargestellt. Doch, die Kathedralen gerieten zu schön, um einfach als Provisorium für eine

Abb. 54: Flechtwerk aus der Karolingischen Renaissance

Abb. 55:
Pantokrator

nahende Apokalypse zu dienen. Sie enthielten einen Seinsplan, der mehr war als ein Heilsplan. Der Logos hielt Einzug in die Kathedralen und mit dem Pantokrator ein Bild vom Menschen als Mittler und Vermittler, wie es Hildegard von Bingen sah, zeichnete und pries. Die Pantokratordarstellung auf der Patene des Mehrerauer Stifterkelchs aus dem 13. Jahrhundert läßt diesen Zeitgeist aufscheinen. In ihm spiegelte sich das Kreismotiv und die kosmische Heimat, die an das antike Gedächtnis erinnert. Die frühchristliche Heilszeit wurde von der hellenistischen Vergangenheit zurückgenommen. Die Erwartungen an die Endzeit wurden vertagt und hinausgeschoben. Man begann die Zeit theologisch oder philosophisch in der Natur, im Kosmos und im Sein, im Licht der Vernunft, zu finden. Aristoteles wurde gelesen und zitiert. Neue Gegensätze zwischen harmonischer Systemzeit und radikaler Tatzeit waren vorbereitet.

Anselmus von Canterbury markierte den Anfang im Bau der scholastischen Matrix: „Glauben, um zu wissen". Der Glaube genügte nicht mehr.

Er wurde mit dem Wissen gepaart. Die Betrachtung von Natur und Kosmos führte die Vernunft und den Glauben, Philosophie wie Theologie und Offenbarung ineinander. Die Zeit wurde Aspekt der natürlichen, menschlichen und göttlichen Ordnung.

Das scholastische Bild der Zeit entstand nicht ohne Gegensätze. In Abbildung 56 fliegt uns das unzeitgemäße Paar von Abälard und Heloïse entgegen. In den Anfängen haben auch wissenschaftliche Systeme tatkräftige und originelle Vertreter nötig. Abälard war von Leidenschaft für Heloïse befangen, ebenso war er brillanter Gelehrter. Geburt eines Kindes, gewaltsame Kastration, Rückzug in Klöster und kämpferische Auftritte waren seine damals ungewöhnlichen Erfahrungen. Anselmus von Canterbury, die damalige Autorität, verlachte er als „Greis, der seinen Ruf eher seinem hohen Alter verdankt", als „Phrasendrescher". „Seine Flammen räucherten das Haus aus, statt es zu beleuchten." Er selbst suchte den Sinn und die Zeit nicht mehr in der Tradition, im Gedächtnis oder Glauben, sondern im Verstehen und natürlichen Wissen. Abälard war Logiker und Dichter. In seinem Hymnus auf die vier Evangelisten begegnen wir dem Rad. „Die Räder gehen mit den Schreitenden (den Evangelisten), und verharren, wenn sie stehen, steigen mit den Sich-erhebenden auf, weil in ihnen der Geist des Lebens ist." Und man kann an Nietzsche erinnert werden, wenn man den Hymnus zu Ende liest: „Das Aussehen von glühenden Kohlen, haben sie und von strahlenden Lampen, man sah sie wie zuckende Blitze hin- und hergehen." Das Rad wird Symbol von Zeit, die Bewegung von Licht ist.

Abb. 56: Heloise und Abälard in romantischer Darstellung

Der Hitzkopf Abälard mußte mit dem anderen Aktivisten zusammenprallen, mit Bernhard von Clairvaux. Er ist der Gründer des

Abb. 57: Bernhard von Clairvaux

Abb. 58: Thomas von Aquin und die Philosophia Perennis

Ordens, der seit 1854 in der Mehrerau seinen Sitz hat. Bernhard war ein Heiliger, trat aber, wie in der Abbildung zu sehen, als Kämpfer und Organisator unter seinesgleichen mit Stäben versehen auf. Er war ein Streiter für die Tat, für Umkehr und Heilszeit in der Abgeschiedenheit des Klosters. Stadtzeit war ihm verhaßt. Er versuchte, Abälard als heidnischen Ketzer abzusetzen. Er war gegen die Einfrierung der radikalen christlichen Zeit im großen Denksystem. „Ihr wißt doch genau, wie selten mir angesichts all dieser Besucher eine ruhige Stunde vergönnt ist." Nicht selten klagte er über seine überbesetzte Agenda, denn er war Manager und Tatmensch. Der mystische Weg in die Askese ist Leitfaden für das Nutzen der irdischen Zeit. Er mag an das Leitbild des modernen Unternehmers erinnern, der nicht auf große Systeme setzt, sondern den schnellen und risikohaltigen Entscheid zur Tat vorzieht. „Stillstand ist Rückfall", „nolle proficere est deficere": Im Kapitelsaal der Mehrerau lesen wir heute noch seine unternehmerische Maxime. Europa wurde auch als direkte Folge der Taten von Bernhard von Clairvaux weiß überspannt von Klöstern.

Albertus Magnus warf dem hl. Augustinus vor, daß er die Natur gar nicht kannte. Augustinus hätte ihm wohl vorgeworfen, daß er ein schlechter Kenner des Lebens und der Psyche des Menschen sei. Albertus war der Lehrer des Thomas von Aquin. Er holte Aristoteles zurück, sammelte Fakten und Beobachtungen über die Natur, um Gott und Welt näher zusammenzusehen. Er lieferte den naturwissenschaftlichen Unterbau zum System von Thomas von Aquin. Wir sind in der Zeit der Hochscholastik und vollziehen ihre Vollendung nach bei Thomas von Aquin. Aristoteles hängt in Darstellungen am Schoß des Aquinaten. Er selbst wirkt als grotesker, kreisförmiger Körper, ein wunderbares Design, das auf sein körperliches Gewicht und die kapitale Bedeutung des Systems anspielt. Die Antworten wurden kunstvoll ausgebaut und aufeinander abgestimmt. Die Offenbarungstheologie, die natürliche Theologie und die Philosophie flossen ineinander. Sein System verspricht ewige Dauer – „philosophia perennis".

Die scholastische Ideenkathedrale war so großartig geworden, daß sie Neues in einem Berg von Folianten und in ausgeklügelten Diskursregeln zu verhindern begann. Mit dem Beweis Gottes aus der Vernunft wurde auch die Zeit und Geschichte für den Verstand fassbar. Thomas von Aquin griff im „Fürsten" zum Bild des Steuermanns, der das Schiff durch das Meer führt. Der Mensch war nicht mehr kämpfender Tatmensch, nackter Schwimmer oder Strohhalm. Der Aquinate schuf die Grundlage, um die Debatten über Prophetie unter Kontrolle zu bekommen. Die vielen Zukunftsmacher, Astronomen, Weissagerinnen, später die Alchemisten, wurden als „nicht-professionelle" Scharlatane von den offiziellen Zukunftsweisen, den echten Propheten, ausgeschlossen.

Thomas verfügt über ein System, das es zu steuern gilt. Und wenn in diesem Neues, die Abfolge der Generationen, entsteht, muß der königliche Steuermann das Wohl der untergebenen Gesellschaft erhalten, wie Gott das All als das Ganze auch dann erhält, wenn die natürlichen und vergänglichen Dinge und Wesen wechseln. Das Bild ist kybernetisch, systemtheoretisch und dem Gleichgewichtsgedanken verpflichtet. Summa theologica – Gesellschaft der Gesellschaften. Wäre Thomas von Aquin vom Systemdenken Luhmanns, sei es als Anhänger oder als Gegner, fasziniert gewesen?

Drei Gestalten traten gegen die scholastische Zeitmatrix auf. Sie vernichteten das System des Aquinaten allmählich aus verschiedenen Ansätzen. Bacon als Empiriker, Eckhart als Mystiker und Prediger, Ockham als Philosoph.

Roger Bacon führte die Erfahrung und Beobachtung als Quelle für das Wissen ein. War nicht in jedem Lebewesen, in jeder natürlichen Erscheinung Bewegung und Zeit ganz konkret zu beschreiben? Wie ein Schleier legen sich Begriffe über unsere Fähigkeit, echtes Wissen zu gewinnen. Ohne Erfahrung ist es nicht möglich, sie in hinreichender Weise zu durchdringen. Bacon erkannte, daß Experimente als Methode zum sicheren Wissen führen. Er distanzierte sich vom Aquinaten und näherte sich Augustinus an. Seine subjektive und mystische Haltung war ihm, obwohl er die Erfahrung hoch einschätzte, teuer. Bacon gehörte der franziskanischen Bewegung an.

 Meister Eckhart befreite sich auf andere Weise von der Zeit der großen Systeme: „Schach unde mat, zît, formen, stat", „Schach und matt der Zeit, den Formen, dem Ort!" Diese Abkehr war bei Eckhart ein Atemholen für eine neue Hinwendung zur Welt. Auch er war, obwohl ein Mystiker, ein Tatmensch, ständig unterwegs; er predigte, kämpfte, und er endete in einem Prozeß mit der Inquisition. Seine mystische Abkehr war Voraussetzung für die Kraft, um Tatmensch zu werden. Seine Predigt über das Tätigsein, „Maria und Martha", wird heute in Schriften zur Technikphilosophie nachgedruckt: „Nun aber wollten gewisse Leute es gar soweit bringen, daß sie der Werke ledig seien. Ich sage, das geht nicht an! Nach der Zeit, da die Jünger den heiligen Geist empfangen hatten, da fingen sie überhaupt erst an, was Tüchtiges zu schaffen…Vom ersten Augenblick, da Gott Mensch ward und der Mensch Gott, da fing er auch an, für unsere Seligkeit zu arbeiten". Mystische Abkehr und Kontemplation waren bei Eckhart die Voraussetzung für neue Tatzeit.

 William von Ockham sah die Zeit als etwas Subjektives, das in der Seele existiert „…weil die Zeit Bewegung ist, durch die die Seele weiß um das Maß einer anderen Bewegung. Und daher ist es unmöglich, daß die Zeit Zeit sei, wenn nicht durch die Seele". Er räumte endgültig auf mit dem scholastischen Gedankengebäude. Das Subjektive, das Wollen und das Tun bestimmen das Lied der Zeit. Zugleich meinte er, daß man Zeit als Maß messen kann. Zeit wird im Bewußtsein gemacht, gemessen und konstruiert. Er schuf Licht und Unterbrüche in den scholastischen Denkgewohnheiten. Er glaubte nicht an große Systematik oder Dogmen. Der Glaube wurde von Philosophie und Naturwissenschaft, diese vom Glauben befreit. Gerade dadurch entstand eine ‚ungeheure' Freiheit für beide, die gläubige subjektive Tat und die wissenschaftliche Sammel- und Sucharbeit in der Neuzeit. Nirgends zeigt sich dies besser als in seiner politischen Theorie: „Also frommt es der Kirche nicht, sich in einer solchen Weise an eine Herrschaftsverfassung, nach der einer alleine herrscht, derart gebunden zu sehen, daß sie sich nicht in eine andere vorteilhaftere, das heißt in die aristokratische für eine Zeit lang umwandeln könnte." Politischer Wandel der Herrschaftsformen folgte aus dem durch den Willen beschleunigten Rad der Zeit.

 Wenn wir von hier aus in die Zukunft horchen, hören wir das uns bereits bekannte Lachen der Riesen von Rabelais. Wir befinden uns in der Stadtzeit, die in Erwartung der großen Entdeckungen, der Reformations- und

Kriegswirren unruhig war. Pestzeiten taten ihr übriges, um den Menschen Schreck und Schauer einzujagen und die Flucht aufs Land nahezulegen.

„Unmöglich ist, daß das Sein nach dem Nicht-Sein ewiges Sein hat", „impossibile est, esse post non esse habere esse aeternum". Dieser Satz zeigt die Tragödie jener philosophischen Zeitdenker auf, die Rabelais zum Lachen gereizt hatten. Sie erstickten nicht nur die Zeit, sondern mit ihr die Sprache und das Sprechen. Für uns Zeitgenossen ist es schwer, sie noch verstehen zu können, und noch viel schwieriger, Lust zu bekommen, sie wieder zu lesen.

Glücklicherweise ist die Kultur ein Strom, der sich immer wieder in Seen staut und sich Zeit nimmt. Im Wort Seele ist die Erinnerung an einen See mitenthalten. Darin sammelt sich das Zeit- und Sinngefühl einer Epoche, darin spiegelt es sich. Bevorzugtes Medium dafür ist aber nicht die wissenschaftliche, sondern die künstlerische Sprache. Dante hat die Scholastiker gekannt, gelesen und sehr geschätzt. Im Paradies fliegen sie stürmisch auf ihn und Beatrice zu. Er hat die Sprache und die Bilder gefunden, um die Heilszeit als großartige Weltschau zusammenzufassen, die noch heute zu faszinieren vermag. In diesem Bild ist der Fortschritt als Aufstieg von der antiken Geschichte, vom Inferno ins Purgatorio und ins Paradies besungen. Alles ist aufbewahrt, nichts ist verloren. Selbst in der Hölle schwimmen Verdammte im Meer jenes brodelnden Pechs, das die Venezianer zur Winterzeit für die Instandsetzung ihrer Kähne verwendeten.

Dante gebraucht aber auch Bilder, die in die Zukunft weisen, Vorstellungen von Ungleichzeitigkeit in der Bewegung und von Spannungen, die Entwicklungen auslösen. „Zum Himmel hatt' die Blicke ich gewandt, Dort sah ich langsamer die Sterne gehen, dem Rade gleich an seiner Achse Rand", „Gli occhi miei ghiotti andavan pur al cielo, pur là dove le stelle son

Abb. 59: Der Flug ins große System, Thomas von Aquin und Albertus Magnus

piu tarde, si come rota piu presso allo stelo". Der Kreis der Zeiten wird mit dem Rad verbunden. Dantes Göttliche Komödie beschreibt den Aufstieg als Speichern von Zeit: „Und wie in einem Uhrwerk wohlgeregelt, sich Räder derart drehen, daß das erste, wenn man's betrachtet, beinah stillsteht, und das letzte fliegt", „e come cherchi in tempra d'oriuoli, si giran si, che il primo a chi pon mente, quieto pare, e l'ultimo che voli". Die Uhr ist Anschauung dessen, was kommen wird: die Bewegung und Beschleunigung des Zeitrads, das zuvor lange Ruhe für seine Erfindung, das Mittelalter, brauchte.

cattolica electronica

In der zweiten Hälfte des 20. Jahrhunderts bringt Marshall McLuhan das Geheimnis der nächsten Zukunft auf eine einfache Formel: „The media is the message – das Medium ist die Botschaft." Diese macht verständlich, warum sich in der Frankfurter Buchmesse Jahr für Jahr mehr Bücher stapeln und das Papier ausgerechnet im Zeitalter des papierlosen Büros eine ungeahnte Konjunktur erlebt. Denn jedes neue Buch, die Botschaft, braucht ihr zugkräftiges Outfit, ein Medium, das, erlebnisnah und attraktiv inszeniert, zum schnellen Blick und Kauf verlockt.

Der Kontrast zur Geschichte des Buchs ist groß. In der Heilszeit war das Buch ein Universum im kleinen – Ziegenhaut, Holz, Farbe, Kiele waren Träger einer Botschaft. Ein Buch erreichte den materiellen Wert eines kleinen Landwesens. Das Buch war eine Ikone, einmalig, unverwechselbar und das Abbild des Makrokosmos im Mikrokosmos der Ziegenhaut. Die Lesekundigen machten im Buch Zeitreisen zurück zu Platon, Fragmente genügten, um die Welterzählung aufzunehmen und weiterzuführen. Das Gespräch und die Disputation erfordern, die Sanduhr mehrmals zu drehen. Aber auch Ikonen können langweilen. Man verlor sich in den Folianten in Spitzfindigkeiten. Gelehrte schrieben riesige Summen von Wissen. Bücher verführten zur Büchergelehrtheit. Die Welt wurde zu eng gestrickt. Die großen Systeme waren Gefängnisse aus Buchstaben. Schlafende Studenten findet man daher früh in Darstellungen des Mittelalters.

Dagegen traten die Tatmenschen auf. Bücher wurden auf die Seite geworfen, verbrannt, verstückelt, um neue Predigten, Manifeste und Programme zu verfassen. Sie veränderten die Welt für die Zukunft. Lange blieb diese neue Zukunft ungetrübt in der Gedankenwelt und Stille der Bücher aufbewahrt, bis aus ihnen allmählich die Systeme herauszuwachsen begannen. Die großen technischen Erfindungen beruhten auf Matrizen, dem Urbild der Maschine, in die etwas geordnet eingeht, verändert wird und wieder ein Ausstoß resultiert. Die Zeit wurde mehr und mehr Angelegenheit dieser Systeme, der Uhren, der Kutschen, der Eisenbahnen, Bahnhöfe, Häfen und Flughäfen.

Im Moment beobachten wir eine neue stille Revolution. Die Matrizen und mit ihnen die Zeit ziehen sich auf die Datenautobahnen zurück, die still, unsichtbar, aber unheimlich wirksam unsere Zeitrhythmen beeinflussen. Die Konzentration und Hektik, wie wir über unsere Connections, Systeme, Freuden und Leiden der elektronischen Alltagsarbeit sprechen, weisen darauf hin, daß wir Mühe haben. Einige ergreift das Grauen, die anderen wahre Begeisterung, denn könnte die una sancta economica nicht als cattolica electronica geistliche Würde erhalten?

**Teil IV
Zeittürme**

Fast in allen Abschnitten der Geschichte begegnet man einem Streben, das in zwei entgegengesetzte Richtungen zielt. Zum einen richtet man Türme auf und bringt hoch oben Uhren an. Sie holen Zeit aus dem Firmament, vermitteln sie einem breiten Gesichtskreis. Sie übernehmen und verkünden dabei den Zeitgeist. Sie schlagen immer exakter, bestimmter, schneller, geräuschloser und unsichtbarer. Zeit wird gemessen, sie ist Geld. Im ersten Beitrag dieses Teils (Defranceschi) steigen wir auf den Mehrerauer Kirchturm, holen die Turmuhr herunter und betrachten sie nostalgisch in einem Umfeld, wo sich die „Macro-Hard-Society" zunehmend in die Micro-Soft-Systeme zurückzuziehen scheint. Auch die Zeitmessung endet in der Internet-Swatch.

Zum andern versuchen Menschen, in die Tiefe der Zeit zu horchen, zu sehen und sie zu spiegeln, zum Beispiel im Stein. So haben Kirchen geheimnisvolle Krypten und Unterkirchen, die wie Schweigezonen wirken. Und es scheint, dass irgendwann, wenn eine Epoche zu Ende geht, diese Suche nach der ‚Zeittiefe' ein neues Projekt verlangt. Man bricht ab, baut um oder neu. In der Mehrerau hat man dies ständig versucht. Scheinbar hat der Zeitgeist immer zu stark eingewirkt, um beim alten Reservoir, bei der alten Kirche, verharren zu können. Umgekehrt hat man nie aufgehört, Botschaften aus der Zeittiefe in Stein zu hauen, zum Beispiel zuletzt in diesem Jahrhundert das Fresko an der Fassadenfront der heutigen Mehrerauer Kirche. Der zweite Beitrag (Amann) dokumentiert diese Bruchstelle.

Taktgeber
Von der Turmuhr zur Internet-Swatch
Doris Defranceschi

126 Jahre stand die Mehrerauer Turmuhr verborgen in der oberen Etage des Kirchturms, maß Stunde um Stunde die Zeit, bewegte die Zeiger der mächtigen Zifferblätter nach allen vier Himmelsrichtungen und schlug in regelmäßigem Rhythmus die Glocken an. Vor 24 Jahren war ihre Zeit dann abgelaufen, der tägliche Handaufzug zu mühsam, die Zeitmessung nicht so präzise wie die der heutigen, funkgesteuerten Atomuhren und das Läutwerk nicht so vielfältig programmierbar. Sie teilte das Schicksal vieler alter Turmuhren landauf und landab - ersetzt von moderner Technologie, vergessen in einem staubigen Winkel des Turmes, dem nagenden Zahn der Zeit anheimgegeben.

Doch erfreulicherweise ist das nicht das Ende der Mehrerauer Turmuhr von 1873. Im Zuge der Millenniumsausstellung „900 Jahre Zukunft" im Kloster Mehrerau wurde sie aus ihrem Dornröschenschlaf geweckt und durch den Lindauer Uhrmacher Markus Burmeister fachmännisch restauriert. Seit Anfang 1999 tickt sie wieder und gibt Kunde von ihrer persönlichen Laufbahn und der Geschichte der Turmuhren im allgemeinen.

Zeitgeber sind Ordnungshüter. Die mittelalterlichen Klöster gelten als die Begründer der Zeitmessung und Zeitdisziplin des modernen Europa. Was für die Menschen heute der Timeplaner ist, war für die Menschen vergangener Jahrhunderte die Turmuhr. Seit ihrem Aufkommen in den Klöstern des 13. und in den oberitalienischen Städten des frühen 14. Jahrhunderts strukturierte sie den Tagesablauf der Bevölkerung und organisierte das gesellschaftliche Leben. Sie legte in den Städten Zeitpunkte für Handel und Geschäfte fest, während sie in den Klöstern Zeiten des Gebetes von der Arbeitszeit schied.

Die monumentalen, mittels Gewichten und Hemmung angetriebenen Räderuhren der damaligen Kirchen und Rathäuser gaben - zunächst nur mit ihrem Glockenschlag, ab dem 15. Jahrhundert dann auch mit weithin sichtbarer Stundenanzeige - den Takt des gesellschaftlichen Lebens an und waren bald aus keiner Stadt des alten Europa mehr wegzudenken. Ihre faszinierende Technik, mittels derer Zeit mechanisch selbsttätig meßbar wurde, blieb grundlegend für die ganze Entwicklung der Uhrmacherkunst.

Aus der Zeit um 1450 stammen die ersten Abbildungen von Räderuhren. In der Miniatur des Brüsseler Seuse-Manuskripts finden wir acht verschiedene Geräte zur Zeitmessung. Links, in unserem Zusammenhang interessant, eine Räderuhr mit sogenanntem „großen" oder „welschen" Zifferblatt, die über einen Umschlagbalken eine Stundenschlagglocke auslöst. Der Gewichtsantrieb der Uhr ist nicht sichtbar.

Die öffentliche Uhr wurde zu einem Prestigesymbol, zu einem Herrschaftsinstrument, von den Kommunen selbst genauso begehrt wie von ihren Landesherren oder Kapiteln und Klöstern. Dies manifestiert sich auch in den Städteansichten des 15. Jahrhunderts, in denen sich die Turmuhr gleich Mauern und Türmen als typisches Stadtsymbol durchsetzt. Interessant ist die markante Darstellung einer Turmuhr auf dem Oktoberbild im Breviarium Grimani (Anfang 16. Jahrhundert), die den Unterschied zwischen ländlicher, zyklischer Zeiterfahrung und städtischer „Uhren-Zeit" heraus-

Abb. 60: Oktoberbild im Breviarium Grimani, 16. Jh.

streicht. Ein englischer Predigermönch sah diese Entwicklung schon um 1410 voraus: „In cities and towns men rule themselves by the clock."

Da die öffentliche Uhr als Vorteil für ein geordnetes politisches Leben mit funktionierender Verwaltung, Schul- und Gottesdienstwesen empfunden wurde, förderte und forderte man ihre Verbreitung auch in den ländlichen Gebieten stark. So nahmen am Ende des 16. Jahrhunderts die Turmuhren, trotz manchem Widerstand, selbst in den kleineren Dörfern ihren fixen Platz ein.

Mit dem Beginn der kommunalen Zeitanzeige mußte nun auch das alte System der Stundenzählung, das in der babylonischen Zeitmessung wurzelt, aufgegeben werden. Bisher wurden Tag und Nacht durch Sonnenaufgang und Sonnenuntergang bestimmt und in jeweils 12 Stunden eingeteilt, die je nach Jahreszeit unterschiedliche Längen aufwiesen. Nun mußten in der 2. Hälfte des 14. Jahrhunderts alle Stunden gleich lang werden, die Art der Stundenzählung selbst blieb nach Regionen variabel. So existierte eine 24-Stunden-Uhr („italienische" Uhr) neben der Nürnberger Uhr („große" Uhr), die Tag- und Nachtstunden auf folgende Weise weiterhin trennte, daß der Tag im Dezember nur 8, die Nacht dafür 16 Stunden hatte. In den nordwesteuropäischen Ländern hingegen teilte die sogenannte „kleine" oder „halbe" Uhr den Tag, ähnlich wie heute, in zweimal 12 Stunden zwischen Mitternacht und Mittag ein. Letzteres war für die Einstellung der Uhren technisch die beste Lösung. Diese unterschiedlichen Zeitrechnungen berührten die Menschen von damals nicht, nur Reisende wurden auf sie aufmerksam. So soll sich auch Goethe auf seiner Italienreise 1786 über die andere Zeit, die „intrinsisch" mit der Natur des Volkes verbunden sei, amüsiert haben, und er bestand darauf, daß sie nicht durch „den deutschen Zeiger" abgelöst werden solle.

Kritische Stimmen erhoben sich eher, wenn die eigene Uhr nicht genau genug ging. So lobte etwa Chaucer in den nach 1380 entstandenen „Canterbury Tales" den guten, alten Hahn, der die Schläfer im Gegensatz zu den modernen Räderuhren jeden Morgen zur gleichen Zeit geweckt hatte. „Full sicker was his crowing in his loge, as is a clock, or any abbey orologe", „Viel zuverlässiger war sein Krähen, als alle Uhren, die in Kirchen stehen". Vielleicht sollte man dieses Zitat aber auch eher als nostalgische Äußerung betrachten, denn eine tägliche Zeitabweichung von maximal 10 bis 20 Minuten bei einer gut gewarteten Turmuhr war für die damalige Zeit unbedeutend und das Meßergebnis immer noch revolutionär.

Rudolf Wendorff vergleicht in seinem Buch „Zeit und Kultur" die Einführung der mechanischen Uhr mit der Erfindung des Buchdrucks durch Gutenberg. Beide Phänomene entwickelten sich im Laufe der Jahrhunderte durch technische Verbesserungen in Verbreitung und Wirkung enorm und prägten entscheidend unsere abendländische Kultur. Kein Mensch in den Industrieländern könnte sich heute ein Leben ohne Bücher und Uhren vorstellen. In unserem Jahrhundert vollzogen beide Kulturträger einen Quantensprung in ihrer Entwicklung. Computertechnologie und physikalische Zeitmessung hielten Einzug in die Gesellschaft.

Zeit am Arm. Unser Leben heute, am Ausgang des 20. Jahrhunderts, pulsiert wie nie zuvor. Längst hat die Turmuhr ihre zentrale Stellung verloren. Mit der Mobilität und der Beschleunigung der Zeit erfand der Mensch zahllose Möglichkeiten, Zeit überall präsent zu halten. Taschenuhren lösten im 19. Jahrhundert endgültig die Standuhren ab, der Mensch gewöhnte sich an die ständige Verbundenheit mit seinem Zeitmesser. Die Armbanduhren des 20. Jahrhunderts perfektionierten diese Entwicklung. Zeit wurde privat, zur zweiten Haut. Ohne Armbanduhr fühlen sich viele nackt, obwohl die ganze Umgebung voller Uhren ist. Zunehmend nimmt die Zeit die Menschen in Besitz.

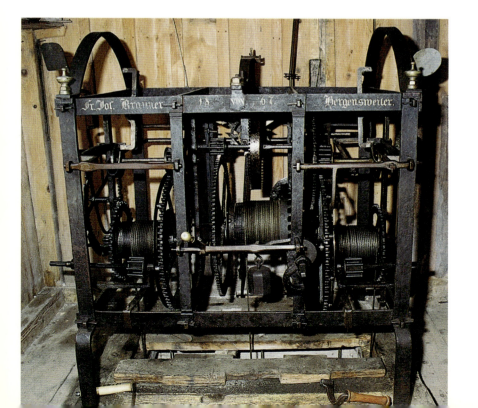

Abb. 61: Turmuhr von Lingenau

Da wirkt ein langsamer Blick auf die Zifferblätter eines Kirchturmes beinahe schon meditativ. Konzentrierte, öffentliche Zeit ist distanzierte Zeit.

Zeit vom Turm. Wer die Chance hat, einen Turm zu besteigen, sollte sie nützen. Sie führt manchmal zu verborgenen, vergessenen Geheimnissen: mechanische Zeitmesser mit eindrucksvollen Räderwerken, Pendeln und Gewichten. In der Pfarrkirche von Lingenau hat sich ein solcher Schatz, eine von Hand geschmiedete Turmuhr aus der Zeit um 1700, erhalten. Nach dem Kirchenbrand von 1866 ist sie von Josef Brauner aus Hergensweiler (Landkreis Lindau) restauriert und in der neu errichteten Kirche wieder aufgestellt worden. Vermutlich als letzte Turmuhr in Vorarlberg wird sie heute noch jeden Tag von Hand aufgezogen. Und sie geht „pünktlich" zwei Minuten vor, damit die Leute nicht zu spät zum Bus kommen. Eindrucksvoll schwingt entlang der steinernen Turmmauer ein an die zehn Meter langes Pendel. Hier in dieser Turmatmosphäre wird Zeit fast zum „Greifen" gegenwärtig.

Wie funktioniert nun überhaupt eine solche mechanische Uhr? Der Antrieb einer Turmuhr erfolgt über ein ablaufendes Gewicht, das von den Turmwärtern regelmäßig, meist täglich, aufgezogen werden muß. Die gespeicherte Kraft wird über das Räder- oder Laufwerk, an das auch das Zeigerwerk gekoppelt ist, auf die Hemmung übertragen. Dieser Konstruktionsteil ist das Herzstück des ganzen Uhrwerks. Er zerhackt die Antriebskraft in kleine, gleichmäßige, sich periodisch wiederholende Zeiteinheiten. Die Energie wird gebremst und wieder freigegeben. Mit Hilfe des Gangreglers – bei den ersten Räderuhren die sogenannte Waag, später die Radunrast und das Pendel – wird die vorhandene Energie richtig dosiert zum Antrieb der Uhr mit ihrem Zeiger- und Schlagwerk eingesetzt.

Ernst Jünger beschreibt dies in seinem „Sanduhrenbuch" (1954) so: „Es ist der Takt der Hemmung, den die alten Uhrmacher 'Gang' nannten. Wir hören das Schwingen der Waage, durch die uns Zeit zugemessen wird ... Wer die Hemmung ersann, muß als der Erfinder der Uhr gelten. Er zählt zu unseren Heroen, denn er tat mehr als Jason mit den Stieren und andere Bändiger von Ungeheuern: er legte der Zeit die Zügel an." Erstmals wird Zeit an sich vom Menschen mittels einer Maschine in den Griff genommen. Der Pulsschlag des Menschen findet von nun an seine Entsprechung im Taktschlag der Uhren.

Kampf für Präzision. Wissenschaftler und Uhrmacher arbeiteten kontinuierlich an einer verbesserten Ganggenauigkeit der Uhren. Die schweren

Gewichte nutzten die schmiedeeisernen Zahnräder ab, die großen Temperaturschwankungen im Turm wirkten sich ebenso negativ aus. Materialien wie Messing wurden im 16. Jahrhundert eingeführt, das Hauptaugenmerk galt aber den Konstruktionen selbst. Über 250 verschiedene Hemmungen sind heute bekannt und zeugen von den Bemühungen der Uhrmacher über die Jahrhunderte.

Der holländische Astronom und Physiker Christian Huygens (1629–1695) setzte 1656 mit der Einführung des Pendels den wichtigsten Meilenstein in der Entwicklung der Zeitmessung vor dem 20. Jahrhundert. Das eigenschwingende Pendel als Gangregler hatte nur noch einen minimalen mechanischen Kontakt mit dem Räderwerk der Uhr, das ihn dadurch kaum mehr beeinflussen konnte. Die täglichen Abweichungen in der Uhrzeit konnten auf 2 Minuten reduziert werden, und neben den Stunden wurden nun auch die Minuten gemessen. Die Präzisionszeitmessung begann. Viele alte Turmuhren in ganz Europa wurden mit einem Pendel nachgerüstet. Vor allem englische Uhrmacher konzentrierten sich auf die neue Technik und nahmen bald eine bedeutende Stellung im europäischen Uhrenbau ein. Es entstanden nun große Werkstätten mit einer fast serienmäßigen Herstellung von Uhren.

Weitere Entwicklungsschritte waren die ruhende Hemmung von George Graham (1673-1751) und sein Kompensationspendel, das mittels eines Quecksilberkerns die Längenveränderung des Pendels bei Temperaturschwankungen ausglich, sowie im Turmuhrenbau das Freischwingerpendel samt Hemmung mit konstanter Kraft vom Münchner Uhrmacher Johann Mannhardt (1798-1878).

Johann Mannhardt ist in unserem Zusammenhang besonders interessant, da er der Lehrmeister von Johann Neher war, der 1873 die Mehrerauer Turmuhr geschaffen hat. Es gehört mit zu seinen Verdiensten, daß Turmuhren nun nicht mehr handgeschmiedet, sondern nach neuesten maschinenbaulichen Kriterien hergestellt wurden. Die erste Mannhardt'sche Turmuhr, bei der neue Materialien wie Gußeisen ebenso ihre Verwendung fanden wie neue Werkzeugmaschinen, wurde 1826 nach Rottach-Egern geliefert. Das industrielle Zeitalter hatte auch vor der Uhrenerzeugung nicht halt gemacht. In dieser Zeit entstanden viele interessante Turmuhren. Es wurde fleißig experimentiert, denn schließlich wollte jede Turmuhrenfirma ihren eigenen Typus auf den Markt bringen. Spezifikum der Firma Mannhardt war, wie bereits erwähnt, das Freischwingerpendel: ein Pendel, das eine Minute völlig frei und ohne Antrieb schwang, um dann das Räderwerk auszulösen und einen Antriebsimpuls für eine neue Minute zu

Abb. 63 a/b:
Turmuhr von
Mehrerau

bekommen. Mit dieser Technik erzielte Mannhardt eine große Genauigkeit seiner Uhren und damit einen sehr guten Ruf, der über die bayrischen Lande hinausreichte. Auch in Vorarlberg befanden sich Turmuhren dieser bekannten Münchner Firma, z. B. in der Pfarrkirche Altenstadt ein Modell aus.

Leider sind heute nicht mehr alle Uhren vorhanden. In Schwarzach landete ein Mannhardt'scher Freischwinger beim Alteisen, und viele alte Turmuhren erleiden das bedauerliche Schicksal, entweder vergessen im Dachboden einer Kirche zu verrotten oder verschrottet zu werden. Um so erfreulicher ist daher die Restaurierung der Mehrerauer Turmuhr. Von ihrer Vorgängerin blieb uns außer historischem Wissen leider nichts erhalten. Die Benediktinerabtei Mehrerau wurde 1806 im Zuge der Säkularisierung von der damaligen bayrischen Zwischenregierung aufgehoben und „Glocken, Turmuhr, Altäre, Meßornate usw. an die Gemeinden des Landes veräußert". Zwei Jahre später, am 7. Dezember 1808, fiel der Kirchenturm. Seine Steine wurden zum Bau des Lindauer Hafens verwendet. Wir wissen heute über die alte Mehrerauer Turmuhr so gut wie nichts.

Fest steht, daß es sich um eine handgeschmiedete Uhr gehandelt hat. Fraglich ist wiederum aus welcher Zeit sie stammte. Es ist uns eine Aussage aus dem Jahre 1650 erhalten, die im Ausgabenbuch des Abtes Amberg notiert steht: „Den 22 Mertzen dem Uhrenmacher für zwen pratter und waß er ferner an baiden Uhren gemacht." Es gab also zwei Uhren im Kloster, zumindest eine davon war gewiß eine Turmuhr, die die Glocken im romanischen Vierungsturm anschlug. Von den uns erhaltenen Ansichten der romanischen Klosteranlage wissen wir, daß es noch keine Zeitanzeige über Zifferblätter gab. Erst im Jahre 1740, im Zuge des barocken Neubaus der Klosterkirche Mehrerau, entstand ein prächtiger Kirchturm mit vier Außenzifferblättern. Vermutlich kaufte das Kloster nun auch eine neue Turmuhr. Sicher hätte auch die alte, mit einem Zeigerwerk aufgerüstet, noch ihren Dienst getan. Diese mechanischen Turmuhren

Abb. 62:
Turmuhr von
Altenstadt

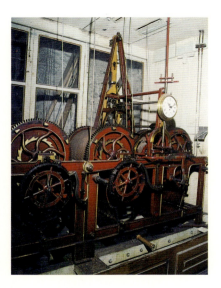

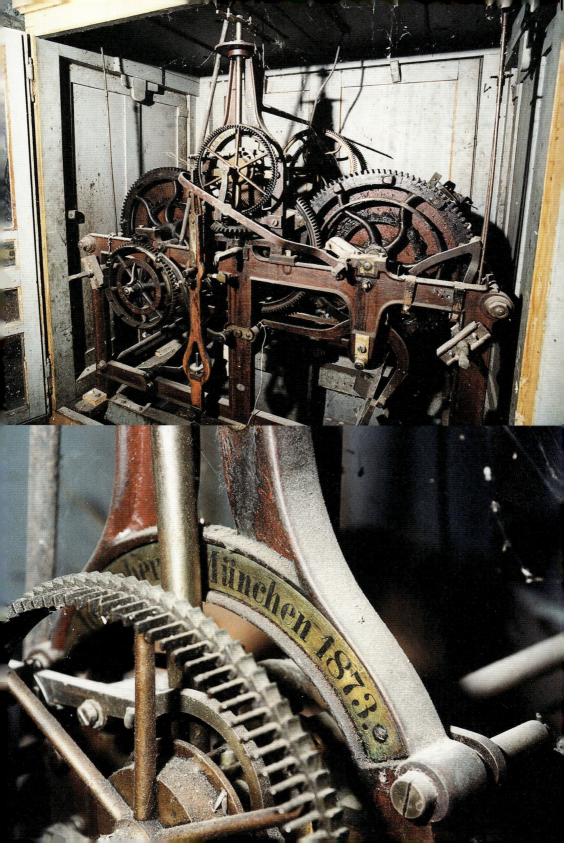

sind nahezu unverwüstlich. Sie zeigen über Jahrhunderte Stunde für Stunde die Zeit, solange sie regelmäßig aufgezogen, richtig gewartet und vor allem geölt werden. Doch zu dieser Zeit wurden in der Bodenseeregion auch andernorts neue Turmuhren gekauft. Ein bekanntes Beispiel ist die in den Salemer Klosterwerkstätten kunstvoll geschmiedete Turmuhr der Zisterzienser-Wallfahrtskirche Birnau von 1750. Sie ist heute noch – als eine der ältesten Turmuhren Deutschlands – kombiniert mit modernster Zeitmeßtechnik in Betrieb. Auch die Turmuhren von Salem (1755) sowie St. Gallen (1762) stammen aus dieser Zeit. Es wäre daher naheliegend, daß auch das Mehrerauer Kloster sich für eine neue Turmuhr entschied, es sei denn, finanzielle Engpässe ließen es nicht zu. Diese interessante Frage konnte leider nicht geklärt werden, da sich die Spur der Turmuhr bei der Auflösung des Klosters Mehrerau um 1806 verliert.

Als die aus der Schweiz vertriebenen Zisterziensermönche von Wettingen im aufgelösten Kloster der Mehrerau 1854 ihre neue Heimat fanden, begannen sie bald mit dem Neubau einer neuromanischen Kirche und dem dazugehörigen Turm. 1873 bestellten sie unter genauer Angabe des Gewichtes der Glocken und der Größe der Außenzifferblätter bei der bekannten Münchener Turmuhrenfirma Johann Neher eine große Maschinenuhr. Johann Neher hatte seine Kunst als Schüler und späterer Werkführer der Firma Mannhardt erlernt. Er machte sich 1862 selbständig und belieferte ganz Bayern mit seinen Uhren, unter anderem auch die königlich-bayrischen Staatsbahnen. Die Lindauer Rathausuhr von 1866 kam ebenfalls aus seinem Werk. Vorarlberg bezog seine Turmuhren regelmäßig aus dem süddeutschen Raum, da dies viel einfacher war, als eine Turmuhr von der größten österreichischen Firma Schauer aus Wien über den Arlberg transportieren zu lassen.

Die Turmuhr von Mehrerau wurde also von der Firma Neher im Jahre 1873 als Nr. 200 geliefert. Der Kaufpreis betrug damals etwa den Wert des doppelten Jahresgehaltes eines Handwerkers. Mit der Turmuhr wurden der Stunden- und Minutenzeiger auf den vier Zifferblättern des Turmes bewegt, sowie die Glocken angeschlagen: die große Glocke zur vollen Stunde, die drei kleinen zur Viertelstunde. Diese Schlagfolge ist auch heute noch in der Mehrerau zu hören, der Antrieb erfolgt allerdings vollelektronisch. Eine große Besonderheit zeichnet unser Mehrerauer Modell aus. Es besitzt eine ganz spezifische Hemmung mit konstanter Kraft, die als wirkliches Unikat zu bezeichnen ist: einen Stiftengang mit drei Paletten, anstelle der sonst üblichen zwei.

Die Restaurierung der Mehrerauer Turmuhr

Die Turmuhr des Klosters Mehrerau ist ein Produkt der Firma Neher, München, aus dem Jahre 1873. Die Uhr hat täglichen Handaufzug und besteht aus drei Werken: Dem Gehwerk, um die Zeit zu messen, dem Viertelstundenschlagwerk und dem Stundenschlagwerk. Die Räder bestehen aus Gußstahl, nur das Remontoirrad und das Gangrad sind wegen der besseren Laufeigenschaften aus Bronze. Sämtliche Räder besitzen eine Zykloidenverzahnung, wie sie im Uhrenbau üblich sind.

Das Walzenrad des Gehwerks ist gleichzeitig das Minutenrad, das heißt, es macht pro Stunde eine Umdrehung. Bei 30 Wicklungen des Antriebseils auf der Trommel läuft die Uhr also 30 Stunden. Über ein Kegelgetriebe werden die Zeigerleitung und die vier Zeigerwerke angetrieben. Das Walzenrad treibt direkt das Remontoir und die Hemmung an, ohne Zwischenräder, wie im „normalen" Uhrenbau. Das Pendel hat eine wirksame Länge von ca. 2,30 Metern und braucht somit für eine Vollschwingung 3,04 sec. Das Gehwerk löst jede Viertelstunde das Viertelstundenschlagwerk aus und dieses nach dem 4/4 Schlag das Stundenschlagwerk. Beide Schlagwerke besitzen Schloßscheiben, die die zu zählenden Stunden abzählen. Die Antriebsgewichte brauchen umgelenkt eine Fallhöhe von ca. 15 Metern.

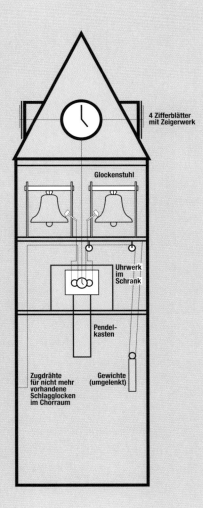

Abb. 64: Grafik mit Innenansicht des Turms

Das seit 1975 stillgelegte Werk war durch übermäßiges Ölen völlig verharzt und verklebt. Außerdem hatten in dem relativ feuchten Turm sämtliche Stahlteile starken Flugrostansatz. Nachträgliche „Verbesserungen" des Uhrwerks, z.B. auf einen (nie funktionierenden) elektrischen Aufzug, hatten die Grundsubstanz geschädigt. Im Juni 1998 wurde mit der Demontage des Werks begonnen. Dazu mußte nach Abbau des Uhrschranks das Werk von allen Zugseilen und Drähten getrennt werden. Die seit 1873 nicht mehr gelösten Muttern und Schrauben mußten zuerst einmal mit Kriechöl eingeweicht werden, um sie überhaupt öffnen zu können. Dann wurden die Einzelteile des ca. 200 kg schweren Werkes, nämlich die Rahmenteile, Pfeiler, 32 Zahnräder und Triebe usw., vom Turm hinuntergeschafft. Mit einem LKW, den der Bauhof Bregenz zur Verfügung gestellt hatte, kamen die Teile dann in die Werkstatt.

Da das Uhrwerk noch die originale Farbfassung aus seiner Entstehungszeit hatte, galt es besonders behutsam vorzugehen, um diese zu erhalten und aufzufrischen. Es gibt „Restauratoren", die solche Werke ablaugen und neu lackieren, wobei Unwiederbringliches zerstört wird. Mit Petroleum und Waschbenzin mußte nun Stück für Stück gereinigt werden, die Farbschichten vom Öl der vergangenen Jahrzehnte befreit werden. Besonders mühsam gestaltete sich die Reinigung der Zahnräder, die Zahn für Zahn von Hand ausgeputzt werden mußten. Die fertigen Teile wurden mit mit Leinölfirnis konserviert, was die ursprüngliche Farbe wieder schön zur Geltung kommen läßt. Die Uhrenteile aus Bronze und Messing (Hemmrad, Lager usw.) konnten mit Ultraschall sehr gut gereinigt werden. Auf der Drehbank wurden die stählernen Wellen vom Rost befreit und überschliffen. Außerdem wurden die Zapfen rolliert und poliert. Eine Konservierung mit Spezialwachs verhindert unsichtbar neuen Flugrostansatz. Nach der Fertigstellung aller Teile wurde das Werk provisorisch zusammengebaut und auf seine Funktion hin überprüft. Um es im Rahmen der Ausstellung würdig präsentieren zu können, fertigte die Firma Metalldesign Baas (Lindau) ein stilistisch passendes Untergestell an, das sehr gut mit dem Uhrwerk und dem Geist und der Technik seiner Entstehungszeit harmoniert.

Allen, an der Restaurierung der Uhr Beteiligten gebührt besonderer Dank: der Staatlichen Uhrmacherschule Furtwangen, Schwarzwald; den Mönchen des Klosters Mehrerau; Vito Genna, Furtwangen; Bauhof Bregenz; Metalldesign Baas, Lindau. Markus Burmeister

Standardisierungsdruck. Die Mehrerauer Turmuhr war bis 1975 in Betrieb. Zu dieser Zeit wurde sie vom Kloster gegen eine bedienerfreundliche, vollautomatische, elektronische Turmuhr ausgetauscht. Schon vor der Mitte des 20. Jahrhunderts hatte mit den Quarz- und Atomuhren, die eine außergewöhnlich hohe Präzision gewährleisten konnten, eine neue Ära in der Zeitmessung begonnen. Zeit wird nun nicht mehr kosmisch, in bezug auf die Sonne, sondern physikalisch bestimmt.

Uhren messen nicht nur Stunden, Minuten und Tage, sondern auch das Verhältnis der Menschen zur Zeit und die Rolle der Zeit in einer Gesellschaft. Die Mehrerauer Turmuhr steht für eine besonders interessante Zeitetappe im ausgehenden 19. Jahrhundert, in Zusammenhang mit den revolutionären Entwicklungen von Industrialisierung und Mobilität und der daraus folgenden, zwingend notwendigen Synchronisierung der Zeit. Die Uhrzeit, die ein Reisender etwa 1890 auf dem Turm der Mehrerauer Klosterkirche ablesen konnte, galt nur für den Bregenzer Raum. Wollte er weiter in die Schweiz reisen, mußte er die Uhr um 32 Minuten zurückstellen. In Lindau, Friedrichshafen oder Konstanz gingen die Uhren aber um jeweils 16, 9 und 3 Minuten vor. Es gab in der Bodenseeregion noch 6 verschiedene Lokalzeiten: in Österreich die Prager Zeit, in der Schweiz die Berner Zeit, in Baden die Karlsruher Zeit, in Württemberg die Stuttgarter Zeit und in Bayern die Münchner Zeit. Noch verwirrender waren die Zeiten allerdings in Genf: Von 1858 bis 1886 befanden sich drei verschiedene Uhren auf der Tour de l'Ile. Das größte Zifferblatt zeigte die Genfer Lokalzeit an, die das Alltagsleben bestimmte. Die zusätzliche Anzeige der Berner und Pariser Zeit war aufgrund des Eisenbahnverkehrs und des Post- und Telegraphenwesens notwendig geworden. Verwechslungen standen auf der Tagesordnung. Erst am 1. April 1892 wurde in Österreich und Süddeutschland die mitteleuropäische Zeit, gemessen am Nullmeridian von Greenwich, eingeführt. Am 1. Juni 1894 zog auch die Schweiz nach.

Abb. 65: Tour de l'Ile, Genf

Swatch-Beats für die Weltfirma. Heute drängt die zunehmende Globalisierung und die Vernetzung von Wirtschaft und Gesellschaft in weltweiten Computersystemen nach neuen Formen der Synchronisierung von Zeit und Kalendern. Der Schweizer Uhrenhersteller Swatch erwies sich wieder einmal als innovativ: Er erfand eine neue Zeitrechnung für das Internet. Der Tag besteht dabei aus 1000 Swatch-Beats, wobei ein Beat einer Minute und 26,4 Sekunden entspricht. @ 500 bedeutet von Bregenz bis Tokio und New York zwölf Uhr Mittags. Der neue Nullmeridian verläuft durch die Firmenzentrale des Konzerns. Gemessen wird die neue Zeit mit einer speziell entwickelten Internet-Swatch. Ein mächtiger Wirtschaftsbetrieb besitzt das Monopol auf die Zeit.

Wird sich in Zukunft tatsächlich die weltweit einheitliche Computerzeit der Firma Swatch durchsetzen? Vielleicht wird damit der Kirchturm wieder aufgewertet, der zur Ikone der jeweiligen regionalen Zeitmessung mit ihren natürlichen, geographischen und kulturellen Bezügen wird. Zeit scheint heute immer abstrakter zu werden, losgekoppelt vom Menschen, der sie einst erfand.

Die Reden des Südseehäuptlings Tuiavii aus Tiavea könnten eine neue Bedeutung erlangen. Aus der Ferne der Zeitkreise klingen sie als einleuchtende Botschaft an unser Ohr: „Wir müssen den armen, verirrten Papalagi vom Wahn befreien, müssen ihm seine Zeit wiedergeben. Wir müssen ihm seine kleine, runde Zeitmaschine zerschlagen und ihm verkünden, daß von Sonnenaufgang bis -untergang viel mehr Zeit da ist, als ein Mensch gebrauchen kann."

Abb. 66: Kirchturm Mehrerau

Bruchstellen der Geschichte
Kirchbau in der Mehrerau
Eva Maria Amann

Die Baugeschichte der Klosterkirche Mehrerau umspannt mehr als acht Jahrhunderte, die Zeit von 1097 bis 1964. Nicht nur Pläne und Aufzeichnungen der Kirche geben Auskunft über ihre Geschichte, sondern auch die Steine selbst sprechen von ihr: „Saxa loquuntur". Die Steine sind dank der Ausgrabungen heute das lebendige Zeugnis der Vergangenheit, sie sind ein Gedächtnis aus Stein. Aus ihnen vermag man die ganze Geschichte des Kirchenbaus abzulesen.

In der heutigen Kirche der Mehrerau ist die älteste Gesteinsschicht, die Erinnerung an die romanische Kirche, noch sichtbar und bestastbar. Trotzdem sind auch Steine nicht von ewiger Dauer. Sie sind Wasser, dem Regen, Schnee, Wind und Sonne ausgesetzt. Sie verwittern im Zyklus der Naturkräfte. Viel effizienter schleift der Zeitgeist an den Gemäuern. Alte Mauern werden abgebrochen und machen schöneren, prachtvollen Gebäuden Platz. Diese verkünden den Stil der jeweils in einer Zeitepoche selbstbewußten Eliten, ihren Geschmack und ihre Ideen. Kirchen fallen aber – ähnlich wie die Bücher – in Zeiten extremen Wandels der Zerstörung, dem Abbruch zum Opfer. Bilderstürme haben sich oft nicht auf die Gemälde und Statuen begrenzt, sondern die Mauern angegriffen. Dies sind die Bruchstellen der Geschichte, in denen Gegner einer alten Zeit, einer absteigenden Elite oder Klasse zum Ausdruck kommen. Nicht immer ist es diesen gelungen, die Größe und Pracht des Zerstörten auch nur nachzuahmen. Deshalb ist die Betrachtung der alten Portale der gotischen Kathedralen doch wichtiger, als sie nur deshalb stehen zu lassen, damit sich die damaligen Baumeister vor dem modernen aufklärerischen Zeitgeist schämen müßten, wie Rousseau meinte.

Die ältesten und zuverlässigsten Zeugnisse über die Anfänge des Benediktinerkloster Mehrerau finden wir in der „Casus Monasterii Petrishusensis", in der Chronik des Klosters Petershausen, die ein Mönch dieser Abtei um die Mitte des 12. Jahrhunderts verfaßt hat. Durch diese Quelle weiß man heute, daß die Anfänge des Benediktinerklosters auf eine Einsiedelei von Diedo in Andelsbuch („Andoltisbuoch") im Bregenzerwald zurückgehen. Der Kirchenholzbau, dem hl. Petrus und Paul geweiht und leider nicht mehr rekonstruierbar, wich bald den von Mönchen errichteten Steingebäuden. Die feierliche Grundsteinlegung für die Kirche aus Stein nahm Bischof Gebhard III. von Konstanz am 27. Oktober 1097 vor.

Durch die 1962 erfolgten Ausgrabungen in der Abteikirche sind die Grundmauern der Klosterniederlassung zutage getreten. Somit weiß man heute über die Baugeschichte Bescheid - von der romanischen Basilika über den barocken Neubau bis zur neuromanischen Gestaltung und der Modernisierung des 20. Jahrhunderts.

- Romanische Basilika 1097 - 1125
- Barocker Kirchenbau 1740 - 1743
- Neuromanische Gestaltung 1854 - 1859
- Moderner Neubau 1962 - 1964

In asketischer Schlichtheit – die romanische Basilika. Die Klostergründung und der Bau der romanischen Basilika fallen in die Heilszeit, als der Glaube an Gott und Paradies immer mehr Einfluß und Macht gewann. Diese erste Kirche aus Stein wurde im Jahre 1097 begonnen und 1125 durch Bischof Ulrich X. von Konstanz eingeweiht. Die älteste und getreueste Aufnahme der romanischen Kirche mit Konvent- und Wirtschaftsgebäuden zeigt, laut Kolumban Spahr, ein Stich vom Ende des 16. Jahrhunderts.

Der Charakter der romanischen Kirchenanlage ist auch auf einem Ölgemälde sehr deutlich ersichtlich, das 1721 für Abt Manus II. Öderlin von Konstanz gefertigt wurde.

Um 1640 zeichnete der Benediktinermönch Gabriel Bucelin die Kirche und die Klosteranlage mit den Wirtschaftsgebäuden, von Süden her gesehen. Er fertigte dieses Bild nach einer Vorlage an, da die Kirche unkorrekterweise nur drei Fenster zählt und Rundbogenfenster statt Rundfenster eingezeichnet sind. Dennoch hat dieses Bild seinen Wert, da es die einzelnen Gebäude bezeichnet.

Bei diesen alten Abbildungen ist Vorsicht geboten, da man nach eigenem Belieben hinzufügte und wegließ. Dennoch kann die Kirche zusammen mit schriftlichen Quellen rekonstruiert werden. Die Kirche war ein einheitlicher und einfacher Bau mit kreuzförmigem Grundriß. Ihr breites Mittelschiff wurde von oben belichtet, denn die anlehnenden Seitenschiffe waren niedriger und schmaler – daher spricht man auch hier von einer Basilika. Die Fensteröffnungen waren als Oculi gestaltet und wirkten wie in die Mauer hineingeschnitten. Diese dreischiffige Kreuzbasilika mit ausladendem Querhaus, über deren Vierung sich ein Turm erhob, besaß einen platten Ostabschluß. Jener gerade Abschluß des Sanctuariums soll eine Eigenart der Bauten des Oberrhein- und Bodenseegebietes gewesen sein. Der Turm, erst gekrönt von einem Zeltdach, dann von einem einfachen Satteldach, später von einem verkrüppelten Walmdach, war

Abb. 67: Stich der romanischen Klosteranlage, 16. Jh.

Abb. 68:
Zeichnung von
Gabriel Bucelin
um 1640

gänzlich ohne Schmuck, wies keinerlei Gesimse oder Friese auf. Auch sonst war der romanische Bau im ganzen äußerst nüchtern, schlicht und schmucklos; die Seitenwände besaßen weder Plastiken noch Reliefs. Selbst damals gebräuchliche Zierformen, wie Blendarkaden oder Rundbogenfriese, fehlten. Nur im Ostabschluß konnte man Ansätze von Lisenen finden, die auf die dreifache Gliederung des Innenraums hinwiesen. Ost- und Westfassade waren vermutlich ähnlich aufgebaut, auch bestanden beide aus handwerkgerechtem Quaderwerk. Das Hauptportal im Westen, von dem eine Schwelle beim Mitteleingang und ein kleines Würfelkapitell erhalten geblieben sind, kann man sich, wie Kolumban Spahr meint, ähnlich vorstellen wie jenes von Reichenau-Niederzell an der St. Peter und Paulskirche oder wie das romanische Portal der Abteikirche von Rheinau.

Oft bezeichnet man die Mehrerauer Basilika auch als reduzierte Ausgabe des Konstanzer Münsters und als einen Nachfolgebau von St. Aurelius und St. Peter und Paul zu Hirsau. Man bringt die Kirche vielleicht deshalb in diesen Zusammenhang, weil sich vormals Mönche aus Hirsau und Freunde des Abtes Wilhelm von Hirsau, Bischof Gebhard III. von Konstanz und Abt Theoderich von Petershausen maßgeblich an der Gründung der Mehrerau beteiligten.

Heute kann man, dank der Ausgrabungen, über eine Wendeltreppe in die Unterkirche hinabsteigen, die uns eine Vorstellung von der damaligen romanischen Basilika vermittelt. Die mittelalterliche Benediktinerabtei der Mehrerau zeigte eine Rechteckanlage mit drei Flügeln, einem Innenhof, Kreuz-

Abb. 69: Grundriß der romanischen Klosteranlage

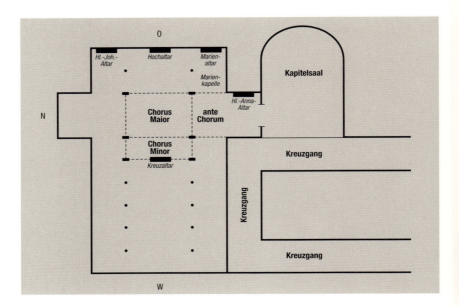

garten, und der Kirche als Nordflügel. An diese lehnten sich im Geviert der Kreuzgang und der Kapitelsaal.

Durch den Kircheneingang betrat man das Langhaus, das durch zwei Arkadenreihen mit je fünf Säulen in drei Schiffe geteilt war. Dabei hatten die Seitenschiffe die halbe Breite des Mittelschiffs. Jenes sechsjochige Langhaus war der Betraum der Laien, in dem sich der Kreuzaltar erhob. Der Altar stand vor dem Eingang zum „Chorus minor", der den Übergang von der Vierung zum Langhaus bildete und nach Hirsauer Gewohnheiten der Betraum der Kranken und Gebrechlichen war. Der Raum erstreckte sich vom westlichen Vierungspfeiler bis zur letzten Säule und nahm somit das letzte Joch des Langhauses für sich ein. Im Vierungsquadrat dahinter, umsäumt von wuchtigen Vierungspfeilern aus Sandstein und mit kreuzförmigem Grundriß, befand sich der „Chorus maior", der Raum für das Chorgebet der Mönche. Dieser turmerhöhten Vierung schlossen sich beidseitig Querhausflügel an, die aus der Flucht hervorstießen. Der Raum des südlichen Querhausflügels hatte als „ante Chorum" einen besonderen Zweck. Mönche oder Laienbrüder, die nicht im Chorus maior oder minor beten durften, konnten sich hier aufhalten. Auch sind im südlichen Querhausflügel noch immer die Steinansätze der „Scala dormitorii", des Stiegenaufgangs zum gemeinsamen Schlafsaal, sichtbar. Der Schlafsaal befand sich daher über dem Kapitelsaal, der zusammen mit dem Kreuzgang an das südliche Querhausschiff anschloß. Wahrscheinlich hat man die Kirche sowohl vom Klosterhof, also vom Westportal, als auch vom Kreuzgang her betreten können. Demnach gab es also eine Tür vom südlichen Querhausflügel in den Kreuzgang und Kapitelsaal. Im Kreuzgang wurde vermutlich der Leidensweg Jesu gezeigt.

Nach der Vierung betrat man das gerade abschließende Sanctuarium bzw. den Altarraum. In ihm befand sich der Hochaltar, dessen Fundament noch vorhanden ist. Nördlich und südlich lehnten sich dem Hochaltarraum Nebenräume an, die auch durch Arkaden mit einer Säule nicht ganz verschlossen waren, sondern mit dem Hauptraum in Verbindung standen und durch ein schmales Mäuerchen in zwei geteilt waren. In jenen Nebenräumen gab es ebenfalls je einen Altar, dessen Fundament noch zu sehen ist. Sie waren in erster Linie Kapellen für Privatmessen. Die Decke war ursprünglich flach, erst im späten Mittelalter erhielten die Seitenschiffe eine Einwölbung. Der Fußboden war von Anfang an mit Sandsteinplatten bedeckt und später da und dort mit Ziegelsteinen ausgebessert worden.

Eine Säulenbasis von der südlichen Arkadenführung des Hochaltarraumes ist in gutem Zustand erhalten. Auf einer quadratischen Sockelplatte erhebt sich eine dünnere Platte und auf dieser das Basenglied in attischer Form, gegliedert in Wulst, Hohlkehle und einen weiteren Wulst. Der Schaft der Säule war ein Monolith, und darüber erhob sich das im süddeutschen Raum beliebte Würfelkapitell. Man vermutet, daß diese Säule im Sanctuarium zuerst nicht geplant war und erst später zwischen die Räume gestellt wurde. Wahrscheinlich waren die anderen Säulen in gleicher Weise geformt.

Auch hat ein anderer Fund im südlichen Querschiff Aufsehen erregt. Es handelt sich um ein Bruchstück einer karolingischen Flechtwerkplatte, dessen Material Rorschacher Sandstein ist. Die Platte ist vor 800 zu datieren, somit frühkarolingisch, mit drei- und zweistreifigen Bändern und Vogelkopf als Motiv. Woher dieser Fund kommt und was es mit ihm auf sich hat, ist unbekannt. Daß es vielleicht noch eine frühere Mehrerau gegeben hat, ist mit ziemlicher Wahrscheinlichkeit auszuschließen.

Abb. 70: Säulenbasis, Ausgrabung Kloster Mehrerau

Geistliche und weltliche Prominenz im Grab. Die Außengestalt der Kirche blieb unverändert, als die Epoche des Zeitspeichers begann und die Stadtzeit anbrach. Im Inneren der Kirche entstanden aber Altäre in gotischen Formen. Zahlreiche Äbte wollten sich selbst in die Kirche einbringen, indem sie für eine Restaurierung oder Neugestaltung von Kunstgegenständen sorgten oder gar sich selbst in der Kirche begraben ließen. Bis in unser Jahrhundert wurden Zisterzienseräbte und andere kirchliche Würdenträger in der Unterkirche begraben. Heute sind in Betonsarkophagen beigesetzt: die Zisterzienseräbte Leopold Höchle (1864), Martin Reimann (1878), Maurus Kalkum (1893), Laurentius Wocher (1895), Augustinus Stöckli (1902), Eugenius Notz (1917) und Cassianus Haid (1949) im Langhaus der Unterkirche; im nördlichen Querhausarm Kardinal Joseph Hergenröther (1890), Erzbischof Otto Zardetti von Bukarest (1902), der letzte Abt von Kreuzlingen im Thurgau, Augustinus Fuchs (1874), und der letzte Abt von Seligenporten in Bayern Albericus Gerards (1974). Eine gute Quelle für die Innenausstattung der Kirche liefert der Mehrerauer Klosterarchivar P. Franz Ransberg um 1656. Es gab insgesamt acht Altäre in dieser Basilika:

– Altar des hl. Johannes Evangelist im nördlichen Nebenraum des Sanctuariums
– Marienaltar im südlichen Nebenraum des Sanctuariums. Der Raum wurde auch Marienkapelle genannt, an die sich der Kapitelsaal anschloß.
– Hochaltar: renoviert um 1415; neugefertigt zur Stiftungsmesse, 1521
– Kreuzaltar in der Mitte der Kirche
– Altar der hl. Anna im südlichen Querhausschiff bei der Tür des Kapitelsaals 1521 und 1567
– Altar des hl. Benediktus 1650, neu errichtet vor 1655
– Altar des Hl. Geistes 1381, früher Blasius-Altar, 1633
– Altar des hl. Michael, vor 1414

Vor dem Altar des hl. Johannes befand sich das Grabmal der sel. Habarilia. Ganz in der Nähe davon hing ein großes Bild, das die sel. Habarilia darstellte, wie sie laut Legende aus den Händen des hl. Gallus den hl. Schleier erhielt. Abt Jakob Albrecht ließ es 1565 malen, doch mußte es mehrmals erneuert werden, zuetzt 1725. Ebenfalls lagen vor dem Johannesaltar begraben: Graf Ulrich X., sein Sohn und seine Gemahlin Hiermengardis, eine Gräfin von Calw und andere Grafen von Bregenz und Monfort.

In der Marienkapelle ließ sich Rudolf II. von Pfullendorf, Sohn der Elisabeth, der einzigen Tochter des Grafen Rudolf von Bregenz, ein prachtvolles Mausoleum errichten. Auf diesem ist er als Kämpe vor dem steinernen Bild Marias dargestellt, und zwar in kniender Haltung, ihr seine Kreuzfahrt ins heilige Land empfehlend. Rudolf wurde zusammen mit seinem Sohn an jener Stelle begraben. Vor dem Mausoleum an der Wand sah man ein Bildnis des Pfalzgrafen Hugo von Tübingen und seiner Ehefrau Elisabeth von Bregenz. Heute kennt man das Bild aus dem 17. Jahrhundert, aber es gab höchstwahrscheinlich eine mittelalterliche Vorlage dafür. Die Dargestellten zeigen mit ausgestrecktem Zeigefinger auf zwei lateinische Segens- bzw. Fluchformeln, die auf die Unversehrtheit des Mehrerauer Besitzes anspielen. In zwei Kartuschen unter den Figuren sind die Stiftungen des Pfalzgrafen und seiner Frau für das Kloster aufgeführt. Der Pfalzgraf ist mit dem Tübinger Wappen, seine Frau mit dem Bregenzer Wappen wiedergegeben. Elisabeth von Bregenz ließ ihren Gemahl Hugo von Tübingen hier, in der Marienkapelle, beerdigen.

Der Hochaltar bekam unter Abt Jodok Keller (1414-1433), der sich in besonderer Weise um die Auszierung des Gotteshauses bemühte, zwei neue Gemälde. In seinem Auftrag wurde 1414 eine neue, große Glocke gegossen und ein vergoldetes, mit künstlichen Gemmen geschmücktes Tragkreuz verfertigt. Die Glocke war sehr wichtig als „Zeitgeber" für die Gebetsstunden. Ein Nachfolger von Jodok Keller, Abt Aloisius Spranger von Staufen im Hegau, befaßte sich ebenfalls mit Zeitmessen. Er stellte selbst Sonnenuhren her, und dies, als die Weltzeit schon begonnen hatte. Abt Aloisius ließ außerdem die Kirche einwölben, den Chor ausschmücken, eine neue Orgel, Gebetsnischen und zwei Kapellen erbauen.

Barocke Pracht. Die äußere Repräsentation und der damit verbundene Luxus traten in dieser Epoche in den Vordergrund. Der prunkvolle barocke Neubau der Klosterkirche kam diesem Bedürfnis sehr entgegen. Die Barockkirche wurde unter Abt Franciscus Pappus von Laubenberg, Tratzberg und Rauchenzell (1728-1748) 1740 begonnen und 1743 fertiggestellt. Die Mehrerauer Benediktinerabteikirche wurde zum bedeutendsten Werk der Vorarlberger Bauschule auf heimischem Boden. Baumeister war der Bregenzerwälder Franz Anton Beer. Sein Polier Michael Beer führte nach drei Jahren den Bau zu Ende und errichtete den Turm. Der Neubau der Klosteranlage wurde aber erst später in Angriff genommen, von 1779–1781 durch Ferdinand Beer.

Abb. 71: Aquarell der barocken Kirche

Abb. 72: Aufriß der barocken Kirche

Die Außenansicht der barocken Anlage ist durch ein im Besitz des heutigen Zisterzienserklosters Mehrerau befindliches Aquarell überliefert. Der Baumeister Valentin Geller rekonstruierte 1819 die barocke Fassade.

Die Kirche, über den Fundamenten der romanischen Basilika erbaut, besaß eine bemerkenswert bewegte, geschwungene Fassade, die aus einem konvex hervortretenden Mittelteil und den konkav zurückgezogenen Flanken bestand. Sie war durch Lisenen und Gesimse gegliedert und mit Statuen von Joseph Christian aus Riedlingen geschmückt. Die hellen Pilaster und Gesimse kontrastierten stark mit der roten Ziegelmauer, und der Giebel wurde durch Voluten geziert und abgeschlossen. Diese Fassadenlösung kann man mit den früher entstandenen Fassaden des Klosters Weingarten und Einsiedeln vergleichen. Der Turm jedoch, der aus der Flucht der Fassade seitlich heraustrat, kam erst 1792 hinzu.

Der einschiffige Kirchenbau besaß eine dreigeschossige Fensterordnung mit Rundbogenfenstern, die in dem Aquarell deutlich sichtbar wird. Die Kirche wies ebenso wie der Vorgängerbau eine Kreuzform auf, nur war das Querschiff hier schwächer ausgebildet. Über diesem erhob sich ein zierlicher Dachreiter und über der Vierung eine etwa 8 Meter breite Kuppel. Der Turm schloß direkt an das Altarhaus bzw. das Sanctuarium an. Die erste Quaderabteilung war in der toskanischen, die mittlere in der dorischen und die obere in der ionischen Säulenordnung ausgeführt. Der Turm galt als eine der schönsten Zierden des Obersees. In seiner äußeren Form und Steingestaltung glich er dem Turm der Birnau.

Die Rekonstruktion der Innenraumgestaltung ist schwierig. Es können dafür nur die Bauverträge und Grundrißprojekte herangezogen werden, da die endgültigen Pläne nicht mehr erhalten sind.

Die barocke Kirche bildete einen einschiffigen, stützenlosen Saalraum mit flach überwölbtem Langhaus. Das erste Joch war vom Hauptraum mit einer Quermauer abgetrennt, in dessen Mitte sich ein kreisrunder, überkuppelter Vorraum befand. Seitlich davon war je ein Nebenraum, mit darüber gebautem Betraum, sog. „Oratorium". Nach dem sechsachsigen Langhaus folgte ein zwei Fensterachsen breites Querhaus mit Walmdach. Zwischen dem

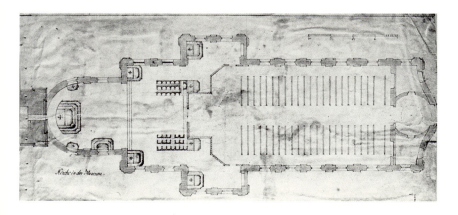

Abb. 73: Grundriß der barocken Kirche

Querschiff und dem in einem Halbkreis endenden Hochaltarhaus bzw. Presbyterium war ein Raum für das Chorgestühl; dieses bildete zusammen mit dem Presbyterium das Sanctuarium. Dieses Chorgestühl, wahrscheinlich von Joseph Christian von Riedlingen entworfen und von Joseph Hofer ausgeführt, ein Meisterwerk der Rokokokunst, steht heute in der Stadtpfarrkirche St. Gallus zu Bregenz und ist zu beiden Seiten des Chores aufgestellt.

Das Innere war wie das Äußere durch Pilaster gegliedert und mit Öl- und Freskogemälden von Franz Georg Hermann aus Kempten gestaltet, wobei das Langhaus eine flache, kassettierte Holzdecke besaß. Auch weiß man, daß es im Inneren sieben, nach Osten gerichtete Altäre gab, die Abraham Bader errichtet hatte und die von Johann Geiger gefaßt waren.

Die Äbte Franciscus Pappus, Johann Baptist VI. von Mayenberg aus Altshausen (1748-1782), der den Neubau des Konventgebäudes unternahm, und Franciscus II. Hund aus Baienfurt (1791-1805) wurden in der Vorhalle begraben. Später fanden auch die Grafen von Bregenz und Montfort, andere adelige und bürgerliche Wohltäter und sogar Welt- und Ordensgeistliche hier ihre Grabstätte. Aus dieser Vorhalle sind noch Statuen der beiden Kirchenpatrone Peter und Paul erhalten, die heute ebenfalls in der Stadtpfarrkirche St. Gallus aufgestellt sind. Die Doggen des Barock-Kirchengestühls fanden in der Kirche von Berneck Verwendung, die Altäre kamen teilweise nach Scheffau im Allgäu, teilweise nach Untereggen und nach Satteins. Auch die Glocken wurden an verschiedene Kirchen veräußert.

Unruhe lag in der Luft. Die von der französischen Revolution ausgelösten Aufstände und Gewaltakte erreichten die Ufer des Bodensees. Der Bruch mit der Vergangenheit verursachte bei den einen Schmerz, bei anderen Begeisterung. 1808 wurde die Kirche gänzlich zerstört und deren Baumaterial zur Anlage des neuen Seehafens in Lindau verwendet. Es wurden auch die Grabsteine auf dem alten Klosterfriedhof und die Grabplatten in der Kirche herausgerissen und dafür verwendet. Noch vor wenigen Jahrzehnten, so erzählt man, konnte man auf dem Damm vor dem Leuchtturm in Lindau eine Grabplatte mit Inschrift sehen. Die Klostergebäude, 1839 durch einen Brand teilweise zerstört, wurden ihrer ursprünglichen Bestimmung erst wieder zugeführt, als 1854 die Zisterzienser von Wettingen im Aargau die Mehrerau wieder besiedelten und das Werk neu begannen.

Zukunft neuromanisch. Bald nach der Ankunft der Wettinger Zisterzienser in der Mehrerau im Jahr 1854 begann man den Neubau, der als Zeitzeichen für den Gegentraum zum Geist der Aufklärung gesehen werden kann und sich zugleich an das asketische Ideal des frühen Christentums zurückerinnern wollte. Die neuromanische Kirche wurde in den Jahren 1855-1859 unter dem Abt Maurus Kalkum nach den Plänen des königlich bayrischen Hofbauinspektors von Riedl im sogenannten Münchner Rundbogenstil auf den Fundamenten der barocken und romanischen Seitenwände errichtet. Ebenso wurde unter Abt Kalkum 1886 eigens eine Kreuzgangskapelle gegen den inneren Klosterhof hinaus erstellt und ein neuer, an den östlichen Kreuzgang anschließenden Kapitelsaal. Gleichzeitig wurde das Konventviereck in der Mitte der Ost- und Südseite durch den Anbau je eines Flügels erweitert.

Diese Kirche war ein Paradebeispiel des Historismus, des sogenannten Münchner Rundbogenstils. Historistisch war die Kirche dadurch, daß sie sich an die Romanik anlehnte. Die Westseite der Kirche war durch Pilaster in drei Achsen gegliedert, wobei die mittlere Achse risalitartig hervortrat. Über dem Portal befanden sich in Nischen stehende Skulpturen und darüber wiederum eine große Fensterrose. Die Seitenachsen wiesen ebenfalls Eingänge auf und ein großes Rundbogenfenster.

Die Nord- und Südseite waren dreigeschoßig und mit großen Rundbogenfenstern und darüber angebrachten Blendarkaden gestaltet, die wiederum durch Pilaster und Gesims voneinander getrennt wurden. Die Querschiffwand wurde durch ein noch breiteres Rundbogenfenster im mittleren Geschoß und durch eine darüber liegende Fensterrose geschmückt. Auf der Photographie ist die damals neu angebaute Kreuzgangkapelle gut zu erkennen.

Das Innere war nun ein saalartiger Raum mit eingestellten Nischen, in denen sich die Seitenaltäre befanden. Die Kirche war mit Rundbogenfries und Rundbogenfenstern versehen und durch Blendarkaden an den Seiten gegliedert. Architektonische Mißverhältnisse glaubte man durch überreiche Ausmalung in den Jahren 1880 - 1884 behoben zu haben. Franz X. Kolb aus Ellwangen führte die Ausmalung durch. Die Schnitzereiarbeiten an der Decke aber stammten von Josef Bertsch aus Dormettingen.

Die Altäre waren künstlerisch größtenteils wertlos. Ausnahme ist der Gnadenaltar von Viktor Mezger und der Engelaltar von F. Albertani. Das Hochaltarbild, das sich auch heute noch in der Mehrerau befindet, schuf Durs von Aegeri, dessen Monogramm und die Jahreszahl 1582 am Kreuzfuß zu sehen sind. Dieser Flügelaltar stammt aus dem Zisterzienserkloster Gnadenthal bei Bremgarten in der Schweiz und ist seit 1876 in der Mehrerau. Auftraggeberin war die Äbtissin Maria Wegmann (1563-1597). Der Bildinhalt des geschlossenen Schreines zeigt damals beliebte Volks-

heilige, wie Christopherus, Sebastian, Ursula, Agatha, Katharina, Klara, Rochus und Bernhard. Der offene Schrein gibt die Sonntagsseite preis und stellt die Leidensgeschichte des Herrn dar, links die Kreuztragung und -aufrichtung, in der Mitte die Kreuzigung und rechts die Beweinung und Grablegung. Das Werk ist ein sehr schönes Beispiel für die Malerei der Spätgotik und Frührenaissance. Vor allem zeigen sich Einflüsse von den Meistern der Donauschule – Albrecht Altdorfer aus Regensburg und Wolf Huber aus Feldkirch.

Beton, Holz und Stahl. Schon um 1930/35 beriet man im Konvent über die Umgestaltung des Chores. Man empfand das Rezitieren und Singen in ihm als zu beschwerlich, und die Lichtverhältnisse waren nicht sehr günstig. Im Jahr 1946 wurde das Chorgestühl unmittelbar vor den Hochaltar in die Apsis gezogen. Jedoch drängte sich immer mehr der Gedanke eines Umbaus der Klosterkirche und der Errichtung einer Gnadenkapelle auf.

Schließlich sollte unter Abt Dr. Heinrich S. Groner zwischen 1962–1964 unsere heutige moderne Kirche entstehen. Der Architekt Hans Purin genoß bei diesem Bauauftrag die künstlerische Freiheit nur in eingeschränktem Maße. Da man eine Kirche wollte, die der Bautradition des Zisterzienserordens entsprach (Kasten), war Hans Purin an die Raumaufteilung gebunden. Einfachheit, Beschränkung auf das Wesentliche, Nüchternheit und Strenge des Baues waren dem Zisterzienserorden ein großes Anliegen. Diese Eigenschaften entsprachen geradezu perfekt dem Geist der modernen Kirchenarchitektur, viel besser als dem neuromanischen Vorgängerbau. Die architektonische Gestaltung hatte sich am Gedächtnis des Ordens zu orientieren. Dieses verlangt die schlichte Form als Tradition und nicht einen dem Zeitgeist entsprechenden Baustil. Die Urform läßt sich zeitgemäß auch in modernen Baustoffen gestalten.

Abb. 74:
Innenraum
heute

Architekturideal aus den „Usus Cistercienses"

„Alle Kirchen unseres Ordens sollen zu Ehren der Allerseligsten Jungfrau Maria – Maria Himmelfahrt – gebaut und geweiht werden... Unsere Kirchen sollen so wie die alte Kirche von Cisterz, die Mutter aller, in Kreuzform gebaut werden und aus vier Teilen bestehen. Der erste, nach Osten gerichtete Teil, und zwar der vorderste, in dem der Hochaltar steht, heißt Presbyterium. Er unterscheidet sich von den übrigen durch eine oder zwei Stufen, die „gradus Presbyterii" genannt werden. Der Hochaltar ist von der Mauer getrennt, sodaß er umschritten werden kann. Er ist durch eine oder mehrere Stufen vom Fußboden des Presbyteriums geschieden... An der Südwand befindet sich das „Ministerium" oder ein Tisch, der Kredenz heißt, wo die dem hl. Opfer dienenden Gefäße bereitstehen. Unterhalb der Altarstufen an derselben Südwand befinden sich die Stallen mit Sitzen, wo der Priester und die Ministri (Diakon und Subdiakon) zur Terz und Messe stehen oder sitzen... Für den Abt, der pontificaliter zelebriert, werde, wenn kein fester Thron da ist, auf der Epistelseite gegen Norden zu ein Thron aufgestellt. Er kann auch einen Baldachin haben; es dürfen aber nicht mehr als zwei Stufen vorhanden sein...

Im zweiten Teil der Kirche, im Chore, sind die Stallen mit den Sitzen für die Mönche, mit den Bänken und Pulten, „Formae" genannt. Die Stallen vor den Formae bilden den Chor der Novizen. Die Sitze sind so angefertigt, daß sie aufgeklappt werden können. Sie haben auf der Unterseite die sogenannte „Misericordia", das ist ein kleiner Sitzplatz, der so angebracht ist, daß man... verneigt sitzen kann. Die Formae können nach Art des Pultes gemacht werden, auf dem man die Bücher auflegen kann... Den Mönchen steht ein doppelter Chorgang offen, und zwar vorne (zwischen Stallen und gradus presbyterii) und rückwärts (zur Abt- und Priorstalle). (Dazu kommt noch ein dritter Zugang in der Mitte der Formae)...
Der dritte Teil der Kirche – wo er vorhanden ist heißt Hinterchor oder Krankenchor... Der vierte Teil der Kirche ist das Schiff, das durch ein Gitter vom Hinterchor – so einer vorhanden ist – getrennt ist... An den Presbyteriumstufen werden gewisse Riten... und Zeremonien vollzogen..."

Am 10. April 1961 begann man mit der Beseitigung der Inneneinrichtung und dem Durchbrechen der Nord- und Südwand. Die neuromanischen Rundbogenfenster wurden zugemauert, und anstelle der Blendarkaden wurden Betonlamellen eingereiht. Die alte neuromanische Form der Kirche blieb jedoch im Ganzen bestehen. Die Raumaufteilung entspricht den „Usus Cistersienses". Es ist ein einschiffiger, saalartiger Raum mit hochliegender Fensteranordnung und einem offenen Dachstuhl. Wenn man in die Kirche eintritt, wendet sich der Blick sofort auf das erhöhte Presbyterium. Ihm schließt sich, durch Stufen getrennt, der Chorraum der Mönche an, vor dem in der Vierung die Bänke der Laienbrüder angebracht sind. Im Langhaus befinden sich die Kirchenbänke der Laien. Mit Hilfe der Kommunionbank wird der Mönchsraum vom Laienraum abgegrenzt. Unter der Orgelempore und zwischen den Seitenportalen liegt die neu errichtete Gnadenkapelle.

Als geistiger Mittelpunkt und wichtigster Bestandteil des Gotteshauses ist der Hochaltar hervorgehoben. Er befindet sich in der Mitte des Presbyteriums und ist ein fester Block aus Labrador, einem schwedischen Granit. Auf ihm steht der Tabernakel mit dem Allerheiligsten. Der Bildhauer Hans Arp schuf diesen Tabernakel, dessen Gehäuse aus weißem Marmor besteht, während die Öffnung und die darüber gestaltete Taube aus schwarzem Marmor geschaffen sind. In seiner klaren, ausgewogenen und ruhigen Form wirkt er ausgesprochen würdevoll. Hinter dem Hochaltar ist das Altarkreuz aufgerichtet.

Die Apsis umsäumen Priestersitze, und in deren Mitte steht der erhöhte Sitz des Abtes. Gegen Westen zu ordnet sich das Gestühl für den Mönchschor ein. Die Gesamtformen des Innenraumes sind äußerst schlicht und weisen eine strenge Sachlichkeit auf. Für die gesamte Bestuhlung - Priestersitze, Chorgestühl und Kirchenbänke - wie auch für die Beichtstühle in den seitlichen Nischen und die Kirchentüren, ausgenommen die beiden Haupteingänge im Westen, verwendete der Architekt unbearbeiteten Industriestahl und Holz. Dabei übernimmt der Stahl die tragende und das Holz die füllende Funktion.

Die Gnadenkapelle mit dem Gnadengemälde bildet gleichsam den Westchor, kann aber auch durch ein mächtiges Doppeltor gegen den Hauptraum der Kirche zu abgeschlossen werden. Das Gnadenbild ist eine Holzstatue der thronenden Madonna mit Kind, um 1450 gefertigt. Der Marmoraltar aus einem Kubus und einer Platte wurde in St. Triphon am Genfer See gebrochen. Die Kapelle kann zwischen den beiden Seitenportalen und deren Windfang von außen her betreten werden.

Die Seitenaltäre und Beichtstühle brachte man in Nebenräumen der südlichen und nördlichen Seitenwände unter; sie befinden sich somit in jedem Joch der Kirche. Durch die Maueröffnungen kann man in kleine Kapellenräume eintreten, in denen je ein Altar und ein Beichtstuhl aufgestellt sind. Die Nebenaltäre und die Altäre im Querhaus sind aus Sandstein von St. Magrethen. Je ein Tafelbild ziert eine Altarwand. Von Osten nach Westen befinden sich in den Seitenkapellen: ein Flügelaltar mit Kreuztragung, Kreuzaufrichtung, Fall unter dem Kreuz; Eichenholz, Ende 15. Jahrhundert von Albert Bouts, eine Verkündigung, zwei Bilder, eines mit Erzengel Gabriel und das andere mit der Jungfrau Maria, Fichtenholz; 2. Hälfte des 15. Jahrhundert, Meister unbekannt; aus Oberschwaben; St. Anna Selbdritt, Ausschnitt aus einem größeren Bild, Fichtenholz, 15./16. Jahrhundert, Meister unbekannt; Kreuzigungsszene mit Maria und Johannes, Fichtenholz; 1. Hälfte 16. Jahrhundert, Meister unbekannt.

Das Dachwerk ist geöffnet und zeigt seine schöngeformte Binderkonstruktion. Dabei wurden die unproportionierten neuromanischen Fensteröffnungen geschlossen und das hölzerne Scheingewölbe entfernt. Diese Dachstuhlkonstruktion weist einen durchlaufenden First bis zum Presbyteriumseingang auf, wo statt eines Scheinbogens eine Art Giebel gezogen wurde. Der Dachstuhl, der in der Apsis strahlenförmig angeordnet abschließt, ist im Presbyterium durch Holzriemen verschalt. Das Presbyterium besitzt keine Seitenfenster und wirkt dadurch monumentaler. Die Belichtung des Raumes erfolgt durch das Oberlicht, das durch einen Glasziegelstreifen des Daches einfällt. Im Querhaus findet man jetzt ein großes Rundfenster, das durch den Rundbogen der zuvor bestehenden Fenster bestimmt ist.

Das Kircheninnere birgt somit eine harmonische Raumgestaltung, ein Zusammenpassen aller Teile. Kolumban Spahr versucht eine Deutung: „Das Kircheninnere ist in alle vier Dimensionen hineingelegt. Durch die grünsandsteinfarbenen hohen Lisenen, eine ausgezeichnete architektonische Form, wird die Höhenwirkung erreicht, durch die mächtigen Wandflächen, die sehr rauh verputzt sind, und die großen Bodenplatten die Wirkung in die Breite, durch den sich über Langhaus und Chorraum hinziehenden offenen Dachstuhl die Wirkung in die Länge und durch die geschlossene Apsis die Wirkung in die Tiefe".

Die Nordseite, die Seite vom See her, zeigt sich als eine ruhige, geschlossene Wand. Sie wirkt im Vergleich zu jener des neuromanischen Baus geradezu leicht, da jetzt die schwerfällig drückende Gliederung durch Gesimse und Friese weggefallen ist. Die heutige Wand ist einfach durch die Oberlicht-Lamellen gegliedert, während das Querhaus Licht durch ein großes Rundfenster einläßt. Sein Giebel ist durch Abschleppen des Daches geköpft. Alles zusammen ergibt eine ruhige und ausgewogene Form, die nicht durch irgendwelche Verzierungen gestört, sondern als solche selbst zu einem größeren Ausdruck gebracht wird.

Die Westseite mit Portal weist einige Ähnlichkeiten mit dem früheren Bau auf: die dreifache Gliederung in der Senkrechten, das Betonen des Mittelrisaliten mit dem großen, erhöht angebrachten Rundfenster. Jedoch sind das alte, wuchtige Mittelportal mit den darüber in Nischen stehenden Figurenstatuen und die beiden Rundbogenfenster auf den Seiten weggefallen. Anstelle des alten Mittelportals erhebt sich nun ein mächtiges Steinplattenrelief, das durch die ganz kahl gebliebenen Seitenachsen besonders zur Geltung kommt.

Die reliefartige Portalplastik schuf der Bregenzerwälder Bildhauer Herbert Albrecht (geb. 1927). Als monumentale, 70 Tonnen schwere Steinwand von 13 Metern Höhe und 7 Metern Breite beherrscht sie ganz allein die Fassade. Es handelt sich hier nicht um eine Freiplastik, sondern um eine Bauplastik, weil der Bildhauer von Anfang an gebunden war. Die Plastik mußte mit der Fassade in Einklang stehen und die Heilige Maria Muttergottes, die zisterziensische Kirchenpatronin, darstellen.

Die Wirkung der Bauplastik und ihr Zusammenspiel mit der Fassade ist eindrucksvoll. Der Bildinhalt ist sicherlich nicht auf den ersten Blick klar und offensichtlich. Die Darstellung ist von der Geheimen Offenbarung inspiriert, jenem Teil der Bibel, der heute vielen nicht mehr bekannt ist. Der Künstler Herbert Albrecht versuchte die Worte der Apokalypse, und zwar jene Stellen, die zu ihren Kernstücken gehören, bildlich umzusetzen. Dabei nahm er sich die Freiheit, räumlich und zeitlich auseinanderliegende Vorgänge zusammenzuziehen.

Das Relief erzählt Apokalypse

Aus den bewegten Blöcken mitten in der oberen Bildfläche hebt sich die Messiasmutter heraus. Hier ließ sich der Künstler durch die Anfangsverse des 12. Kapitels anleiten: „Und ein großes Zeichen erschien am Himmel: eine Frau, umkleidet mit der Sonne und der Mond zu ihren Füßen... sie geht ihrer Stunde entgegen und schreit in Sehen und Schmerzen des Gebärens...!" Diese apokalyptische Frauengestalt ist von den Bibelerklärern vielfach als Maria, die Mutter Jesu, gedeutet worden. Aber die Messiasmutter sollte man auch nach dem hl. Augustinus als Zeichen für das Gottesvolk sehen. Aus den wuchtigen, zu einem Kreis gestalteten Blöcken, die die Sonne andeuten und in ihrer Bewegtheit auf die Schmerzen des Gebärens hinweisen, hebt sich die Messiasmutter heraus, die von Engeln umstanden wird. Auf den Knien der Mutter steht das Kind als Messias, das dem Fürsten der Welt, dem Luzifer, die Weltherrschaft entreißen wird. „Und ein anderes Zeichen erschien am Himmel; und siehe ein feuerroter großer Drachen ... steht vor der Frau, die im Begriff ist niederzukommen, um, sobald sie geboren habe, ihr Kind zu verschlingen. Und sie gebar einen Sohn ... der alle Völker mit eisernem Stabe weiden soll ..." So steht unter der Messiasmutter der Drache (der verwandelte Luzifer, der Teufel) und greift empor zu dem Kind. Dieser in viele einzelne Blöcke gespaltene Drache steht auf einem würfelartigen Podest, das von bosheiterfüllten Menschen hochgehalten wird. „Die Frau aber floh in die Wüste, wo sie eine von Gott aus zubereitete Stätte hat, damit man sie dort ernähre zwölfhundertsechzig Tage lang." In der großen platten Fläche der linken Bildseite geht eine Frau. Sie flieht vor Luzifer, dem Teufel in die Wüste. Dabei hat sich das Bild der himmlischen Frau in eine irdische verwandelt. „Und es entstand ein Kampf im Himmel; Michael und seine Engel erhoben sich, um mit dem Drachen zu kämpfen; auch der Drache und seine Engel kämpften! Doch sie vermochten nicht standzuhalten, und es gab keinen Platz mehr für sie im Himmel. Und gestürzt wurde der große Drache, die alte Schlange, die der Teufel und der Satan heißt, der den ganzen Erdkreis verführt; hinabgestürzt wurde er auf die Erde, und seine Engel wurden mit ihm herabgestürzt." Auf dem oberen Teil der rechten großen Bildfläche ist der Kampf und Sieg des Erzengels Michael über den Drachen dargestellt. Mit einem Fuß stößt er den bösen Engel, Luzifer in Gestalt des Drachens, aus

Abb. 75:
Relief der
Klosterkirche
Mehrerau,
1962/64

der Himmelshöhe herab. Und die Offenbarung meint weiter: „Und ich hörte eine laute Stimme im Himmel rufen! Jetzt ist das Heil und die Kraft und das Königreich unseres Gottes und die Macht seines Gesalbten angebrochen, denn gestürzt wurde der Ankläger unserer Brüder..."
„Darum jauchzet, ihr Himmel und die darin wohnen!" Nun kann man hoffnungsfroh auf das himmlische Jerusalem blicken, das durch seine Zinnen über der Messiasmutter abgebildet ist. Doch senkt sich wieder der Blick in den irdischen Alltag hinab, wo im untersten Teil der Wand, die Menscheit unserer Tage dargestellt ist.

Die Abwandlung vom Figürlichen zum Abstrakten ist dem Künstler vortrefflich gelungen; die Blockhaftigkeit der Gestalten erinnert vor allem an die Werke seines Lehrers, des Künstlers Fritz Wotruba. Auch der Übergang vom Reliefbild zur Architektur ist gut durchdacht, das Relief steht in Einklang mit der Fassade.

Die Kirche der Mehrerau ist heute die einzige bestehende Abteikirche an den Ufern des Bodensees. Durch die Einfacheit und Klarheit stellt das Bauwerk eine Zisterzienserkirche in der Formsprache unserer Tage dar. Die Bauschicht des modernen Industriezeitalters hat sich über die romanischen, barocken und neuromanischen Elemente gelegt und bekundet, daß die Form wichtiger sein kann als die Liebe zu einem vergangenen Stil.

Epilog
Ein Spaziergang über die Jahrtausendschwelle

Der Januskopf ist ein Symbol für Zeitenwenden. Das eine Gesicht blickt zurück ins Vergangene. Das andere sieht voraus in die neue Zeit. Ein Becher Wein wird dem Mund dargeboten – Zukunft wird als Umtrunk Gegenwart. An den dunklen Dezembertagen beginnt das Ende des alten Jahres mit dem Anfang des neuen Jahres wilder als gewöhnlich zu spielen. Einmal wirbeln die Erinnerungen an das Vergangene gegenüber den Erwartungen an das Kommende weit zurück, ein anderes Mal fliegen diese weit voraus.

Abb. 76: Januskopf

Man ist auf dem Bahnhof in Bregenz am Bodensee ausgestiegen und steht in der Zugluft eines dieser Dezembertage. Der Bahnhof gleicht einer Anlage, die als Hochgarage geplant wurde, als es noch kaum Tiefgaragen gab. Eine Hafenanlage? Nautische Ansprüche müssen mitgespielt haben; Kommandobrückenstimmung kommt auf, wenn man vom Perron hinaufrollt und in eine der beiden Richtungen schreitet. Der Wind zieht mit Wechseln der Richtung durch das Gebäude. Wir stehen im Zeitloch, das eine schnelle Gangart nahelegt. Janusköpfig weist die Kommandobrücke im Sommer zum Bodensee, im Winter zur Stadt als erster Destination.

Damals beim Planen muß ein Wirbelsturm um die Zeichnung der Bahnhofanlage in den Köpfen gekreist und alles um sie leergefegt haben. Ein riesiger Perimeter der Öde um den Bahnhof bezeugt dies. Als Flüchtling Richtung Stadt versucht man, über die Straße auf den schmalen Bahnhofpfad gedrückt an den Rand des Zeitlochs zu gelangen, das in den 80er und 90er Jahren erfolgreich mit parkenden Automobilen gefüllt wurde. Ein gläsernes Geschäftsgebäude mischt hier den Anflug von Bodenseeweite mit Bodenlosigkeit, die den Gang beschleunigt.

Gefühle, ins Ungewisse oder Leere zu schreiten, kennen die Menschen aller Zeiten. Noch in der Welt- und Fortschrittszeit des

18. und 19. Jahrhunderts aber hat man Empfindungen von Defiziten mit positiven Utopien und Vorstellungen gefüllt, daß das Paradies im Diesseits möglich sei. Am Ende unseres Jahrhunderts konstatiert man den Aufstieg des Pessimismus in vielen Sparten. Im Buch „L'histoire de l'avenir" stellt Minois in einem Überblick über die Werke der weltweiten Fachliteratur fest, daß die Utopien in Angstbilder kippen, die science fiction sich grau bis schwarz färbt und die wissenschaftlichen Zukunftsreporte Alarm schlagen. Ungetrübt heiter gibt sich die Marketing Branche.

Das neue Kunsthaus zieht aus dem Loch heraus. Wir sind auf der Pilgerroute. Als Hieroglyphe erhebt sich der dunkle Quader aus der Reihe, ein Leuchtturm, wenn nachts das weiße Licht mystisch durchscheint. Das Dunkel der Fassade läßt Feuerleitern durchschimmern, die Eingänge ins Mysterium erwarten lassen. Tagsüber und im Sommer ist die Geste dem Landschaftsbild verpflichtet: „Ich bin das neue Kunsthaus und ziehe die Seetiefe aus der Bucht des Bodensees ebenso in mein Erscheinungsbild ein wie das abgedunkelte Licht unter der Kante des Hochifen."

Die großen Architekten kämpfen seit den 80er Jahren gegen die Zeitlöcher, welche die Planer und Designer in unsere Siedlungen geschlagen haben. Botta, Calatrava, Zumthor bauen aus Elementarstoffen. Sie liebäugeln mit Zeitkreisen, zyklischen, natürlichen und archaischen Formen und Zeichen. Das Fußvolk der Städte- und Häuslebauer mag weiter produzieren – Standardhäuser, Schuhschachteln, Wohnwagen und Bahnhofcontainers – die großen Architekten arbeiten mit starkem Stoff. Denn sie wissen es, die Zukunft wird nicht mehr in Büchern entworfen und erschrieben, sondern in der Zeichensprache der Gebäude, Siedlungen, Bahnhöfe und Systeme. Neue Hieroglyphen mit starken schönen Körpern sind gefragt.

Wir stehen fasziniert auf dem Vorplatz vor dem Hochquader, schreiten ehrfürchtig die Treppenkorridore empor, atmen die Weite und Höhe des Raumkörpers, der auf Innerlichkeit einstimmt. Das Gefühl, als Extremkunstgänger aufzusteigen, ist da. Die Inhaltsbesichtigung kann beginnen. Die Pilgerfahrt führt zurück in den schwarzen Sarkophag, das Kunsthaus-Café, das so zurückhaltend beleuchtet ist, daß man den Fahrplan nicht nachschlagen kann. Das Fazit läßt sich im dunkeln ziehen. Der Kunsthausquader versucht, zu verwandeln, zu bekehren. Er inszeniert einen Turm, spielt mit Außen–Innen, Unten–Oben Gefühlen, suggeriert den Kirchgang, das Bergsteiger–Erlebnis.

Bekehrungen hinterlassen Zeittürme. Der Kunstturm reagiert auf stattgefundene Verwandlungen im endenden Jahrhundert. Jede verlangte den Glauben an ein neues System und an eine neue Zeit. Die Ingenieure des ausgehenden 19. Jahrhunderts haben die industrielle Konversionsmaschine weltweit funktionstüchtig gemacht. Alle Urstoffe zwischen Erde und Himmel werden seither angegriffen, in Rohstoffe und Produkte verwandelt. Sie verfallen zu Abfällen und Schadstoffen. Achtung, sie betreten die Zone! Schadstoff- und Abfallberge sind heute auch für die Ratten gesperrt.

Die Industrietürme versetzen die verheißungsvolle Zukunft am Anfang noch rauchend nach oben und versehen sie mit der neuen Uhr. Die Fabrikzeit wird pfeifend verkündet. Sie wird in die Serienanfertigung von Armbanduhren umgesetzt. Seit dieser Zeit fesseln sie die Masse individuell an die Zeitdisziplin des 12-, 10-, 8-Stundentags. Seit dieser Konversion kreuzen sich in der Freizeit über den Rücken der Paare, die sich umarmen, zwei Armbanduhren. Die Türme der Industriegesellschaft stehen heute bereits in Bildbänden der Erinnerung, Hochöfen des Ruhrgebiets, die im Nebel enden, die Türme der ersten Atomkraftwerke. Sie werden allmählich Vergangenheit. Denkmale bleiben, zum Beispiel zehnstöckige Hochgaragen und die Türme der Kehrrichtverbrennungsanlagen. Auf ihnen sind keine Uhren mehr angebracht. Die Zeit des Abfalls und Verfalls tickt im Halbdunkel riesiger Unterbauten, den Krypten der zu Ende gehenden Industriegesellschaft.

„Ich bin nicht durchsichtig, also keine Bank!" Die Abgrenzung des Kunsthausquaders zur zweiten großen Konversion, zu den Glastürmen des Bankwesens, fällt nicht leicht. Botta hat vor wenigen Jahren die Bank „Gottardo" aus Stein gebaut. Die Silhouette der Glasgroßprojekte zeichnet sich in allen Städten deutlich in den Himmel ab. Wir nehmen sie mit starken Namen versehen, „Weltbank", „Europabank", „Crédit Suisse", „Deutsche Bank",

„Hypo", ins nächste Jahrhundert mit. Ein weltumspannendes Zirkulationssystem profiliert sich. Es verwandelt alles Reale und Denkbare in käufliche Waren und in Geld. Das System schafft die neue Grenze, innerhalb der alles kaufbar und verkäuflich ist. Die Banktürme markieren neue Grenzen, außerhalb denen die Zivilisation aufhört, Wildnis und Armut beginnt. Es ist die Mehrheit der Menschheit, die jenseits dieser Zivilisation leben wird. Die Bekehrung zur Weltzeit als Geldzeit ist mühsam. Die Weltfirma muß ihre Banken schützen. Diskretion ist angesagt – der Rückzug ins electronic banking, das menschen-, schalter- und türenlos erfolgt.

Die jüngste Konversion hat erst in den 90er Jahren richtig begonnen. Die PC Towers, die neue Turmgeneration, sind in jedem beliebigen Raum auf- und abbaubar, verpackt, recycled, aufgerüstet oder erneut. Höhe, Breite oder Tiefe ist obsolet. Der weltumspannende Glasfaserteppich nistet sich in alle Bereiche ein, verwandelt alles in Zeichen, macht alles übertragbar, gleichzeitig und überall möglich. Als virtuelles Weltgehirn konkurriert es das lückenhafte Menschengehirn. Alles, was zwischen die Fasern fällt, nicht codierbar oder übertragbar ist, findet nicht mehr statt. Die große Mehrheit lebt mit ihren Wünschen, Gedanken, Freuden und Leiden außerhalb dieses Systems.

Der Glasfaserteppich ist die neue, eine 24-Stundenfeueruhr, die weder Türme noch Armgelenke braucht. Sie leuchtet aus allen Apparaturen, aus dem Kochherd, dem Natel und dem Computer. Die Bekehrung zu dieser neuen Zeit ist im Gang. Zeit ist nicht etwas, das Dauer und Weile hat, sondern die gleichzeitige Abruf- und Verfügbarkeit der Menschen rund um die Uhr. „Les hommes sont faits pour les heures."

Der Kunsthausturm strahlt abends bei Verlängerung weihnächtliches Licht aus. Manche sagen, daß er am eindrücklichsten ist, wenn er leer ist und nichts im Innern stattfinden lassen muß. Er macht auf innere Abkehr, Intraversion, wendet sich der eigenen Körperlichkeit zu und genügt sich selbst. Und er gesteht sein Unvermögen ein, unter die Oberfläche der Systeme zu gehen, für die man uns während des vergangenen Jahrhunderts zubereitet hat. Der Kunsthausturm verdient Achtung, weil er diese Trauerarbeit zeigt.

In diesen tristen Augenblicken kann Janus retten, der uns voraus in den kommenden Sommer 2000 beschleunigt und auf den Spaziergang zum Bodensee wendet. Man schreitet bei sommerlichem Wetter im Hochgefühl über die Kommandobrücke des Bahnhofs und landet durch den Betonkreisel hinunter im Areal, das sich für die Festspiele zurüstet. Container mit Kultur- und Festinfrastruktur, Zelte, Bars, Stühle, Bänke. Songfetzen übender Sänger sind gleichzeitig zu hören. Der neue Anstrich an der WC-Anlage fällt auf. Parkende Autos, zufahrende, wegfahrende, suchende, unentschlossene und wartende Wagen. Radfahrer, spielende Kinder, ältere Fußgänger durchziehen die automobile Arena von Stop and Go.

Die Freizeit frißt sich durch die Betriebszeit; alle Bewegungen sind Vor- und Zubereitung. In der Richtung zum Strandbad folgt eine ruhigere Zone. Rampenaufwärts wiederholt sich das Brückengefühl über dem Bad beim Restaurant vorbei. Man schreitet über liegende, spielende, badende Körper. Freizeit spannt sich in die Landschaft aus, parkiert innerhalb der Gitterzone des offiziellen Baddistrikts. Ein Wunder, daß hier der Badturm mit Badturmuhr vergessen gegangen ist. Die Separation der halbnackten Körper wird durch Buschverwachsungen verschwiegen. Die Gesellschaft zeigt Schamgefühl, daß die Freizeit am See ausgegrenzt stattfindet.

Im Hintergrund taucht urzeitlicher Bodensee auf. Gekräuselt im Fallwind vom Pfänder schafft die Oberfläche Zeittiefe. Das Schilfufer hinter den Baumalleen übersetzt den Wind in rhythmisches Nacheinander, das im Durchblick zur Weite ein Ineinander wird. Der Fahrradweg macht sich bemerkbar. Die Langsamkeit versöhnt. Strahlende Gesichter. Das Drehen der Pedale schlägt Zeitkreise, die lineare Zeit, Geschwindigkeit, Fortschritt und Heilung vom Zuviel-Sitzen produzieren. Daneben die Wanderer, Spaziergänger auf Zeitbegehung. Ab und zu zucken sie erschreckt durch Scaters, rollerbladende Jugendliche, sportliche Mütter, Kinderwagen vor sich herschiebend, leicht zusammen und sichern ihre Zeit durch häufigere Blicke rückwärts ab. Die sommerliche Beschleunigung der Langsamkeit feiert das Comeback. Der Asphalt hat die glatte, mit wenig Reibung beschleunigte Zeit in die Landschaft zurückgebracht. Kollisionen der verschiedenen Zeiten, zwischen Fußgängern, rollenden und fahrradgerüsteten Menschen drohen im

Hochsommer. Sie fallen bei schlechtem Wetter weg. Dann tritt Ruhe ein.

Man begibt sich in die Abzweigung zur Mehrerau. Das Kloster ist im Blickfeld, macht im Spiel der Zeiten auf der Wegstrecke vom Bahnhof, im Marsch aus dem Zeitloch, mit. Der Turm, das Gegenstück zur Tiefe, in welcher der Bodensee Zeit speichert, sendet Stunden ins Firmament und holt sie von hier wieder herab. Dieser Eindruck genügt den Schwach- oder Ungläubigen. Auch für sie wirkt der Turm über der Weite des Innenhofs nach der hektischen Zeitlandschaft wie natürliche Liturgie. Er ist die Spitze einer Zeitinsel.

Die Mehrerau gibt sich als ruhiger Platz, der die Wirbel der Geschichte zu vergessen scheint. Die meisten Verwandlungen, Bekenntnisse, Strömungen des Zeitgeists haben sich hier berührt, wechselseitig beeinflußt, abgestoßen oder ausgesöhnt. Zwar hat ein wichtiges Zeugnis der Welt- und Fortschrittszeit, die Turmuhr im Jahr 1975 demissioniert und sich in Spinnennetze gehüllt aus der Geschichte zurückgezogen. Im Schultrakt gegenüber spiegeln sich in der seit zwei Jahren angebrachten Glasurwand die Fluchtlinien der alten Gebäude mit ihren ehrwürdigen Krümmungen, wie die Handschrift im PC-Print. Zeitverwerfungen dieser Art sind für die Mehrerau typisch. So konzentriert sich im Inneren des Areals Gegenzeit zur Landschaft im Dreieck vom Bahnhof in die Stadt und zum Freizeitstreifen entlang dem Bodenseeufer. Bei der Ankunft spürt man es, in diesem Karrée kann man ins Ohr der Landschaft, in die Kammerungen eines Gedächtnisses, hineinhören.

An heißen Sommertagen, wenn einzelne und Scharen in Shorts an der Nordwand der Kirche vorbeischlendern, wirken die steinernen Gestalten des Reliefs als besonderer Kontrast. Die meisten gehen achtlos vorbei, wohl weil es erst in diesem Jahrhundert von einem Vorarlberger in Stein gehauen wurde. Diese Hieroglyphe scheint schweigend zu wirken. Das Relief enthält eine Erzählung, die ohne aufwendige Aufmerksamkeit auskommt. Sie spricht von unten, aus der Zeittiefe. Sie benötigt keinen Turm. Sie spricht mit dem Selbstverständnis, wie die Rote Wand im Alpenbogen versichert, daß Bewunderung nicht nötig ist. Das Relief inszeniert geheimnisvolle

Stoffe über kosmischen Ereignisse, Geburt, Tod, Kampf, Sieg, Ewigkeit. Über der Menschheit am unteren Rand bereitet sich die Apokalypse vor.

Zwischen dem Kunsthaus, dem Zielpunkt unserer Winterroute, und der Mehrerau, der Sommerdestination, liegt die Differenz. Die Kirche in der Mehrerau steht zu ihrer Wand. Sie ist zwar aus Beton, der Industriezeit entnommen, läßt sie aber durch das Relief nach außen sprechen. Die Akteure sind Personen, die zusammen eine Gestalt – die Menschheit – bilden. Das Kunsthaus ist in sich gekehrt, hat sich mit Glasuren versehen, die Außenwände stumm gemacht und wirkt durch ehrfürchtigen Abstand zur übrigen Stadt und feierliche Leere. Beide, die Reliefwand und der Quader, kämpfen um die Zukunft.

Um die Zukunft zu deuten, haben wir uns zurückerinnert und das Wort historischen Figuren erteilt. In der Tat, wir sind auch nicht die Ersten, die das Globale entdecken. Zur Zeit der Renaissance hat man in einmaliger Weise den Schock sich öffnender Grenzen erlebt. Wir treffen auf Françoys Rabelais. Er hätte wahrscheinlich einen seiner Menschenriesen ins Kunsthaus geschickt, auf in den Kampf gegen unsere Systemgiganten, die blutleeren Maschinen und Glasfasernetze.

Der Riese hätte klaren Wein eingeschenkt: „L'avenir est fait pour l'homme, et non l'homme pour l'avenir." Seine Sympathie mit dem Relief ist wahrscheinlich, obwohl sein Weltbild fröhlicher und erheiternder konzipiert ist. Die Riesen von Rabelais sind ein Weltmodell, das im Menschen beginnt und in ihm endet. Heitere Souveränität strahlen sie aus, wie sie mit der Zeit umgehen, wenn sie schlafend und schnarchend in sich hinein und dadurch zugleich in den Kosmos hinaus und tief ins Innere der Erde hinabhören. Ein Kunsthaus, das für sich steht und mystisch in die Nacht hinausschweigt, wäre ihnen ein Schreck, ein überlebtes Symbol der Systemgläubigkeit des 20. Jahrhunderts. Denn im Mittelpunkt steht der menschliche Organismus, der humane Mikrokosmos, der Urstoff auch des Großen ist. Riesen spüren die Verwundung, den Durst, Hunger, Liebe, Trauer, Lust und Freizeit gleichzeitig in Kopf, Herz und Seele. Die Signale ihres Megakörpers sind zwar träger, als das Feuer der Bits durch die Netze, aber analog. Sie erlauben, sich solidarisch zu verhalten und zu entwickeln.

Der Gesamtzustand aller Befindlichkeiten in Gliedern und Organen ist der Zeitgeber. An ihm bemißt sich, was Dauer hat und was Zukunft werden kann. Die Zeit ist Rohstoff für die Dauer von Tätigkeiten. Sie geben dem Organismus seine Zeit. Heute wird „Fahrplankadergehorsam" in unzähligen Slogans eingefordert – „wenn Sie nicht einsteigen, fahren wir ohne Sie!" „Mach, was Du willst!", meinen die Riesen gegenüber diesem Fatalismus. Sie lassen diese Zukünfte unbeeindruckt abfahren und erinnern an den Gehalt einer Zukunft, die im Humankosmos schlummert.

Die glasverspiegelten Türme der modernen Systeme geben sich sauber und klinkenfrei. Die Türen öffnen sich automatisch, regeln Eintritt, Austritt und Zugänge elektronisch. Die Durchgangsberechtigung ist an Codekarten oder elektronische Signale gekoppelt. Gegensprechanlagen und Monitore sichern vor unerwartetem Besuch unvorhergesehener Menschen. Das 20. Jahrhundert war ein Siegeszug der Sicherungstechnik für Grenzen. Diese Anlagen sprechen eine je eigene Sprache. Sie verstärken und verschleifen menschliche Stimmen, sie surren, klicken oder geben sich äußerst diskret. Für jene Menschen, welche diese elektronische Türhütersprache als erste Fremdsprache erfahren, haben wir ein neues Wort erfunden – „ausgesteuert".

Der Türgriff ist heute fast überall am Verschwinden. Schreiten wir weiter 900 Jahre ins finstere Mittelalter zurück. In Andelsbuch, am Gründungsort des Klosters Mehrerau, gab es seit dem 11. Jahrhundert an der Holztüre der Kirche einen Türgriff besonderer Art. Er hatte die Form eines Löwenkopfs, war aus Bronze und ließ es zu, aus seiner Schnauze einen großen Ring von Hand umfassen zu lassen, um sich festzuklammern. Wem es gelang, als Verfolgte, Fremde oder Ausgestoßene auf der Flucht den Löwen zu erreichen, den Ring zu umfassen und die Tür zur Kirche zu öffnen, fand Asyl und war geschützt. Dieser Kopf war für sie ein Augenblick der Ewigkeit. Der Löwe öffnete einen Spalt in die Zukunft für jene, für die sie schwarz und trostlos schien. Der Löwenkopf von Andelsbuch erschloß Zukunft, die unsere Türhütungssysteme automatisch verschließen.

Abb. 77:
Löwenkopf

Kassian Lauterer: Geleitwort

Johannes Paul II., Apostolisches Schreiben Tertio Millennio Adveniente, Vatikan 10.11.1994

Johannes Paul II., Apostolisches Schreiben Vita Consecrata, Vatikan 25.03.1996

Erklärung des Generalkapitels des Zisterzienserordens über die wesentlichen Elemente des heutigen Zisterzienserlebens, in: Die Zisterzienser in Österreich, Dokumentation, Wilhering 1990.

Hans Maier, Zeiterfahrung und Zeichen der Zeit/Jan Kerkhofs, Was empfinden heutige Menschen als wichtig? Vorlesungen, veröffentlicht in: Zeichen der Zeit, hg. von Heinrich Schmidinger, Innsbruck-Wien 1998.

Christoph Schönborn, Existenz im Übergang, Einsiedeln – Trier 1987.

Karl Heinz Burmeister: Mutabor. Zeitenwenden und Neuerungen im Kloster Mehrerau

Die Benediktusregel, Lateinisch und Deutsch, hg. v. P. Basilius Steidle, OSB, 3. Aufl. Beuron 1978.

Peter Jezler, Himmel, Hölle, Fegefeuer, Das Jenseits im Mittelalter, Zürich 1994.

Eva Moser (Hg.), Buchmalerei im Bodenseeraum im 13. bis 16. Jahrhundert, Friedrichshafen 1997.

Joseph Rottenkolber, Geschichte des hochfürstlichen Stiftes Kempten, München o.J.

Karl Schmuki, Peter Ochsenbein, Cornel Dora, Cimelia Sangallensia, St. Gallen 1998.

Gebhard Spahr, Oberschwäbische Barockstrasse I, Ulm bis Tettnang, Waldbad – Baienfurt 1977.

Augusta Weldler-Steinberg, Interieurs aus dem Leben der Zürcher Juden im 14. und 15. Jahrhundert, Zürich 1959.

Franz Wieacker, Privatrechtsgeschichte der Neuzeit, 2. Aufl., Göttingen 1967.

Karl Heinz Burmeister: Verschwiegene Präsenz. Frauen im Kloster

A. Fäh, Die hl. Wiborada, Bd.1-2, St. Gallen 1926.

Hans H. Hofstätter, Frauenbilder in Männerklöstern, in: Hans-Otto Mühleisen (Hg.), Das Vermächtnis der Abtei, 900 Jahre St. Peter auf dem Schwarzwald, Karlsruhe 1993.

Manfred Tschaikner (Hg.), Geschichte der Stadt Bludenz, Sigmaringen 1996.

M. Alfonsa Wanner, Crescentia Höss von Kaufbeuren, in: Lebensbilder aus dem Bayerischen Schwaben 4, München 1955.

Franz Josef Weizenegger, Vorarlberg, Innsbruck 1839 (Nachdruck Bregenz 1989), Bd. 2.

Zisterzienserinnenabtei Mariastern-Gwiggen, Leben in Vergangenheit und Gegenwart, Lindenberg 1998.

Alois Niederstätter: Controlling wider die weltlichen Lüste. Die Visitationen des Klosters Mehrerau

Manfred Krebs, Quellenstudien zur Geschichte des Klosters Petershausen, in: Zeitschrift für Geschichte des Oberrheins 48 (1935).

Erich Meuthen, Das 15. Jahrhundert (Oldenbourg-Grundriß der Geschichte 9). München – Wien 1980.

Meta Niederkorn-Bruck, Die Melker Reform im Spiegel der Visitationen. Wien (Mitteilungen des Instituts für österreichische Geschichtsforschung, Erg. Bd. 30), München 1994.

Alois Niederstätter, Studien zur Sozialgeschichte der Vorarlberger Geistlichkeit im ausgehenden Mittelalter, in: Zeitschrift für Bayerische Kirchengeschichte 61, 1992.

J. Schöch, Die religiösen Neuerungen des 16. Jahrhunderts in Vorarlberg bis 1540,

in: Forschungen und Mitteilungen zur Geschichte Tirols und Vorarlbergs 9, 1912.

Elisabeth Vavra, Kunst als Glaubensvermittlung, in: Alltag im Spätmittelalter, hg. von Harry Kühnel, Graz 1986.

Jochen Elbs: „Zuwider, weil es etwas Neues sey". Landwirtschaft zwischen Schlendrian und Seidenraupe

Benedikt Bilgeri, Der Getreidebau im Lande Vorarlberg. Montfort 2/1947, 3/1948.

Benedikt Bilgeri, Geschichte Vorarlbergs. 5 Bände, Graz 1971-1987.

Karl Heinz Burmeister, Die Versuche zur Einführung von Maulbeerbaumschulen und der Seidenraupenzucht in Vorarlberg 1751–1765 (unveröffentlichtes Manuskript). 1998.

Franz Elsensohn, Vor & Hinterm Arlberg, Ein Streifzug durch die Geschichte unseres Landes. Hard 1995.

Gemeinde Höchst (Hg.)/Gerda Leipold-Schneider, Höchst, Rheindeltagemeinde und Landkultur, Heimatbuch Band 2. Dornbirn 1998.

Claudia Klinkmann: „Arfaran". Eine Erfahrungsgeschichte des Reisens

Johann Nepomuk Hauntinger, Reise durch Schwaben und Bayern im Jahre 1784. Neu herausgegeben und eingeleitet von Gebhard Spahr O.S.B, Weissenhorn 1964.

Herbert Krohn, Welche Lust gewährt das Reisen, München 1985.

Gerda Leipold-Schneider, Neue Forschungen zur Verkehrsgeschichte Vorarlbergs, in: Montfort 47 (1), 1995.

Felix R. Paturi, Von der Erde zu den Sternen. 200 Jahre Luftfahrt, Aarau 1983.

Wolfgang Schivelbusch, Geschichte der Eisenbahnreise. Zur Industrialisierung von Raum und Zeit im 19. Jahrhundert, München – Wien 1977.

Otto Uhlig, Die Schwabenkinder aus Tirol und Vorarlberg, 3. Auflage. Innsbruck 1998.

Christine Hartmann: Unruhe in der Stadt. „De gerechtigheid" von Pieter Bruegel d.Ä.

Timothy Foote, The world of Bruegel, c. 1525-1569, New York 1968.

Gerhard Köbler, Bilder aus der deutschen Rechtsgeschichte, München 1988.

Jacques Lavalleye, Lucas van Leyden, Pieter Bruegel d. Ä. – Das gesamte graphische Werk, Wien – München 1966.

Philippe und Françoise Robert-Jones, Pieter Bruegel der Ältere, München 1997.

Elke Schutt-Kehm, Pieter Bruegel d.Ä, Leben und Werk, Stuttgart, Zürich 1983.

Gerda Leipold-Schneider: Ora, labora et scribe. Buch in der Zeit - Zeit im Buch

Buch und Bibliothek. Ausstellungskatalog des Vorarlberger Landesmuseums, Bregenz 1976. Darin: Karl Heinz Burmeister, Buchdrucker Johannes Koch, genannt Meister, aus Feldkirch. Josef Zehrer, Ältere Bibliotheken und ihre Kataloge.

Chronik des Klosters Petershausen, neu herausgegeben und übersetzt von O. Feger, Lindau, Konstanz, 1956.

Doris Fouquet-Plümacher, Artikel „Buch/Buchwesen" in: Theologische Realencyklopädie, Berlin, New York 1981, Bd. 1, S. 270-290.

Marion Janzin, Joachim Güntner, Das Buch vom Buch. 5000 Jahre Buchgeschichte, Hannover 1997.

Yvonne Johannot, Tourner la page; livre, rites et symboles, 2. Auflage, 1994.

Georges Minois, L'église et la science, 2 Bde., Paris 1990-1991.

Hans-Peter Meier-Dallach: Das Zeitrad der Philosophen. Meilensteine der Erfindung von Zeit

Etienne Gilson, La philosophie au Moyen Age, Paris 1947.

Jacques le Goff, Die Intellektuellen im Mittelalter, Stuttgart 1987.

Anthony Kenny (Hg.), Illustrierte Geschichte der westlichen Philosophie, Frankfurt – New York 1998.

Lateinische Lyrik des Mittelalters, Stuttgart 1995.

Karl Löwith, Weltgeschichte und Heilsgeschehen, Stuttgart 1953.

François Rabelais, Oeuvres, tomes I-IV, Paris 1922.

Doris Defranceschi: Taktgeber. Von der Turmuhr zur Internet-Swatch

Karl-Ernst Becker, Hatto Küffner, Uhren, Augsburg 1994.

Johann Wolfgang von Goethe, Tagebuch der italienischen Reise (1786), ed. C. Michel, Frankfurt 1976.

Jakob Messerli, Die Einführung der mitteleuropäischen Zeit in der Schweiz, in: Neue Zürcher Zeitung, 21./22. Mai 1994, Nr. 117, S. 13.

Tuiavii, Der Papalagi, Zürich 1981.

Rudolf Wendorff, Zeit und Kultur, Geschichte des Zeitbewußtseins in Europa, Opladen 1985.

Eva Maria Amann: Bruchstellen der Geschichte. Kirchbau in der Mehrerau

Für Literatur zu diesem Beitrag siehe unter dem Literaturverzeichnis zur Mehrerau.

Literatur zum Kloster Mehrerau

Joseph Bergmann, Necrologium Augiae Maioris Brigantinae, Wien 1853.

Benedikt Bilgeri, Zinsrodel des Klosters Mehrerau 1290-1505, Kempten 1940.

Karl Heinz Burmeister, Die Sühne für einen Totschlag des Stefan Steinmayer aus Lindau im Kloster Mehrerau, in: Jahrbuch des Landkreises Lindau 10 (1995).

Ders., Ein Bildnis des Pfalzgrafen Hugo von Tübingen und seiner Ehefrau Elisabeth von Bregenz aus dem 17. Jahrhundert. Sonderdruck aus dem Jahrbuch des Vorarlberger Landesmuseumsvereins – Freunde der Landeskunde, Bregenz 1991.

Margit Kager, Das Kloster Mehrerau im 18. Jahrhundert. Diplomarbeit aus österreichischer Geschichte, Innsbruck 1985.

Kassian Lauterer, Pater Franz Keller (1800-1883), Mönch und Mechaniker – Ein Lebensbild, in: Toggenburger Annalen 18 (1991).

P. Pirmin Lindner, OSB, „Album Augiae Brigantinae", in: 41. Jahres-Bericht des Vorarlberger Museums-Vereins über das Jahr 1902/03, Nr. 388, 425, 441, 466 („Apronian"); Nr. 381, 410, 434, 462, 471 („Venustus").

O. Sandner, Die ehemalige barocke Klosterkirche Mehrerau, in: Jahrbuch des Vorarlberger Landesmuseums, Nr. 57, Bregenz 1949.

Ders., Die Kunst des Rokoko in Vorarlberg, Das Chorgestühl der Pfarrkirche in Bregenz, in: d'Sunntagsstubat, Wochenbeilage zum Vorarlberger Volksblatt, Nr. 35, 26. August 1950, S. 129-130.

I. Schuster, Drei alte Ansichten der Abteikirche Mehrerau, in: Montfort, Jg. 18, H. 2, Bregenz 1966.

P. Kolumban Spahr, Die Au am See, in: 100 Jahre Zisterzienser in Mehrerau 1854-1954 (Mehrerauer Grüsse, NF 1, 1954).

Ders., Die Erneuerung unserer Klosterkirche, in: Mehrerauer Grüße, H. 14, Bregenz 1961.

Ders., Unsere romanische Kirche, in: Mehrerauer Grüße, H. 19, Bregenz 1963.

Ders., Die Portalplastik an der Mehrerauer Klosterkirche, in: Vorarlberg, H. 4, I, 1963.

Ders., Die Großplastik vor der Mehrerauer Kirche, in: Vorarlberger Volksblatt, 26. Okt. 1963.

Ders., Die romanische Basilika der Mehrerau in ihrer kunstgeschichtlichen Bedeutung, in: Das Münster, Jg. 18, H. 1/2, München 1965.

Ders., Der Umbau der neuromanischen Abteikirche der Mehrerau am Bodensee, in: Das Münster, Jg. 18, H. 1/2, München 1965.

Ders., Mehrerau, Kirchenführer, Bregenz 1968.

Ders., Die Äbteliste des Benediktinerklosters Mehrerau, in: Mehrerauer Grüße 39 (1973).

Ders., Barock und Bauschule, in: Ausstellungskatalog des Vorarlberger Landesmuseums, Nr. 78, Bregenz 1978.

Andreas Ulmer, Die Klöster und Ordensniederlassungen in Vorarlberg einst und jetzt, in: Veröffentlichungen des Vereins für christliche Kunst und Wissenschaft in Vorarlberg und im Westallgäu 14/15, Dornbirn, 1925/26.

Christoph Volaucnik, Geschichte des Klosters Mehrerau im Mittelalter. Diplomarbeit Innsbruck 1986 (masch.).

Ders., Aspekte der Wirtschaftsgeschichte des Klosters Mehrerau im Mittelalter in: Jahrbuch des Vorarlberger Landesmuseumsvereins 133 (1983).

Quellen zur Geschichte der Mehrerau: Klosterakten im Vorarlberger Landesarchiv (VLA)

Fotonachweis

Umschlag Atelier für Text und Gestaltung, Dornbirn. – S. 22 Vorarlberger Landesbibliothek Bregenz, Emser Chronik. – S. 23 Stiftsbibliothek St. Gallen, Cod. Sang. 236, S. 86. – S. 25 Stiftsbibliothek St. Gallen, Cod. Sang. 18, S. 45. – S. 26 Limmer Ingeborg, Bamberg. – S. 31 Moser E., Buchmalerei im Bodenseeraum. – S. 32 Universitätsbibliothek Heidelberg, Cod. Sal. IX.d, Fol. 152r. – S. 34 Vorarlberger Landesarchiv Bregenz. – S. 38 Zentralbibliothek Zürich, Athanasius Kirchers Musaeum, S. 39. – S. 42 Bibliothèque nationale Paris, Rc A 6775. – S. 43 Privatbesitz. – S. 44/45 Vorarlberger Landesmuseum Bregenz. – S. 47 Neuer Distelikalender. – S. 50/51 Archiv Verlag Wien. – S. 64 Stiftsbibliothek St. Gallen, Cod. Sang. 602, S. 320. – S. 76 Kloster Mehrerau Bregenz. – S. 77 Vorarlberger Landesarchiv Bregenz. – S. 78 Vorarlberger Landesarchiv Bregenz. – S. 80/81 Klinkmann/ Atelier für Text und Gestaltung, Dornbirn. – S. 83 Heimatmuseum Schruns. – S. 91 Archiv Verlag Wien. – S. 94 Austrian Archives/ Christian Brandstätter, Wien. S. 99 Austrian Archives/ Christian Brandstätter, Wien. – S. 101 Museum zu Allerheiligen Schaffhausen, Sturzenegger Stiftung. – S. 104 aus: Weber, J. R. Rorschach in alten Ansichten, Hrsg. Staats- u. Stiftsarchiv St. Gallen. – S. 106 Germanisches Nationalmuseum Nürnberg. – S. 107 l. Hermann Glaser Bildarchiv, Rosstal. – S. 107 r. Deutsches Museum München. – S. 113 Daimler-Chrysler Aerospace Dornier GmbH Unternehmensarchiv. – S. 116/117 Bibliothèque royale Albert I, Brüssel, f. C, S.II 133707. S. 132 Stiftsbibliothek St. Gallen, Cod. 914, S. 13. – S. 133 Staatsbibliothek Bamberg, MSC.Patr.5,fol.1. – S. 137 Stiftsbibliothek St. Gallen, Cod. Sang. 1092. – S. 138 Vorarlberger Landesarchiv Bregenz. – S. 140 Kloster Mehrerau Bregenz. – S. 142 Vorarlberger Landesmuseum Bregenz. – S. 143 o. Kloster Mehrerau Bregenz. – S. 143 u. Vorarlberger Landesbibliothek Bregenz. – S. 144 Kloster Mehrerau Bregenz. – S. 146 Stadtarchiv Feldkirch. – S. 148 Vorarlberger Landesarchiv Bregenz. – S. 150/151 Klinkmann/ Atelier für Text und Gestaltung, Dornbirn. – S. 153 Herzog August Bibliothek Wolfenbüttel. – S. 155 Hessische Landes- u. Hochschulbibliothek Darmstadt. – S. 157 l. Sozialarchiv Zürich. – S. 157 r. Sozialarchiv Zürich. – S. 158 l. IBA/ Keystone Zürich. – S. 158 r. Archiv für Kunst und Geschichte Berlin. – S. 159 l. IBA/ Keystone Zürich. – S. 159 r. Bibliothèque nationale, Paris, Rc B 146. – S. 161 Photothèque des Musées de la Ville de Paris. – S. 162 Bayrische Staatsbibliothek München. – S. 163 Musée du Petit Palais Avignon. – S. 165 Vorarlberger Landesmuseum Bregenz. – S. 166 Kloster Mehrerau Bregenz. – S. 167 o. IBA/ Keystone Zürich. – S. 167 u. By permission of British Library, Y. T. 32, fol. 9v. – S. 168 l. Archiv für Kunst und Geschichte Berlin. – S. 171 By permission of British Library, Y. T. 36, fol. 147. – S. 179 aus: Dohrn-van Rossum, Die Geschichte der Stunde. – S. 181 Mathis Dietmar, Rankweil. – S. 184 Mathis

Dietmar, Rankweil. – S. 185 Mathis Dietmar, Rankweil. – S. 187 Markus Burmeister/Buchdruckerei Holzer. – S. 189 Centre d'iconographie genevoise CIG, Genf. – S. 190 Roth Erich Rankweil. – S. 192 Kloster Mehrerau Bregenz. – S. 193 Württembergische Landesbibliothek, HB V, 4a, fol. 345. – S. 194 Buchdruckerei Holzer, Weiler im Allgäu. – S. 195 Bundesdenkmalamt Wien. – S. 198 o. Kloster Mehrerau Bregenz. – S. 198 u. Stadtarchiv Bregenz. – S. 199 Bundesdenkmalamt Wien. – S. 201 Kurt Gramer, Bietigheim-Bissingen. – S. 208 Roth Erich, Rankweil. – S. 211 Stiftsbibliothek St. Gallen, Cod. 827, S. 265. – S. 219 Vorarlberger Landesmuseum Bregenz.

Dank

Das Buch „Augenblicke der Ewigkeit – Zeitschwellen am Bodensee" ist aus den wissenschaftlichen Vorbereitungen der Ausstellung „900 Jahre Zukunft" im Land Vorarlberg entstanden. Die Umsetzung des Konzepts für den Vergangenheitsteil der Ausstellung erfolgte zusammen mit der Redaktion und Herausgabe dieser Publikation, welche die Themen einem breiten Publikum verständlich machen will. Das Buch ist zusammen mit der Bestimmung der Inhalte und Exponate für die Ausstellung in anregenden und kreativen Workshops entstanden. An ihnen waren – unter der Leitung von Prof. DDr. Karl Heinz Burmeister, Direktor des Vorarlberger Landesarchivs - beteiligt: Frau Mag. Doris Defranceschi, Herrn Dipl.-Agr. Biol. Jochen Elbs, Frau Dr. Claudia Klinkmann, Frau Mag. Gerda Leipold-Schneider. Die redaktionelle Mitgestaltung des Buchs erfolgte durch Frau Mag. Doris Defranceschi und Frau Dr. Claudia Klinkmann. Ich möchte ihnen und allen Autorinnen und Autoren des Buches meine Anerkennung und den besten Dank für diese Arbeit aussprechen. Dank gebührt vor allem auch Herrn Direktor Robert Manger und Herrn Dr. Peter Troy von der Vorarlberger Kulturbetriebshäuser GmbH für die interessierte und engagierte Unterstützung.

Der Herausgeber

Dr. Hans-Peter Meier-Dallach